JN194502

要件定義から運用・保守まで全展開

インフラ 設計の セオリー

Theory of Infrastructure Design

JIEC
基盤エンジニアリング事業部
インフラ設計研究チーム 著

リックテレコム

簡易電子版について

本書をお買い上げの方は、パソコンやタブレットPC等でも本書の内容を閲覧いただけます。

下記の制約をご理解のうえ、宜しければご利用ください。

- 専用ビューアソフトのダウンロードが必要です
- 2つのサイトでのご登録お手続き（お名前やメールアドレス等の入力）が必要です
- フォーマットが固定されているので、小さな画面には不向きです。書き込みや付箋の機能もありません
- ご利用は本書1冊につきお一人様かぎりです

ご利用方法につきましては、本書巻末をご覧ください。なお、本サービスの提供開始は2019年2月8日0：00、終了は2024年1月の予定です。

はじめに

　パーソナルコンピュータの総台数が日本の総人口を上回り、またスマートフォンの普及によって、インターネットはすでに生活の一部となり、なくてはならないものになりました。

　これらで使用されるWebサイト、メール、SNS、動画配信など様々なサービスは、運営会社・団体が運用するコンピュータ（サーバ）により提供されています。

　コンピュータシステムのサービスは、多くの場合プログラミング言語を用いて開発されたアプリケーションによって、対話型のユーザ・インタフェースを提供しています。

　24時間365日サービスのサイト増加や、多種・多様化された機能を利用しているユーザに対して常に快適に使用できるよう、サーバは安定して稼働しつづけることが重要です。

　そのためには、大量のリクエストが集中してきても十分な応答速度で処理できる性能、機械故障などの不測のトラブルにおいてもサービスが継続できる仕組みをもった環境を用意する必要があります。

　コンピュータの業界ではこの「環境」、すなわちコンピュータの機能とデータを稼働・保持するための設備、機器類、システム等のリソースを総称して、「インフラ（Infrastructure）」または「基盤」と呼んでいます。

　一般的なシステム開発においては、アプリケーション同様インフラについても、計画・要件定義〜設計〜構築・テストの流れで進めますが、アプリケーションとは異なり、目に見える機能・効果を提供しているわけではないので、要件をどのような形でまとめるかが難しくなります。

　そこで本書では、インフラに求められる要件を項目化・分類することによって、「見える化」を行い、具体化された要求によって過不足なく要件を整理できるようにします。

　そして検討段階から設計に至るまでの局面で、どのような観点で検討し、どのように整理していくかについて解説します。

　本書は特定のベンダー、特定の製品に特化した内容で解説したものではありません。

　様々なケースで適用できることを目指し、考え方の指針となるようにまとめていますので、初めてインフラを担当される方だけでなく、これから設計や上流工程に携わる方においても基礎知識の習得に役立つ内容となっています。

本書の構成

　本書は大きく2部構成となっており、前半部は設計前工程について、後半部は設計工程について記載しています。

　第1章では、まずインフラ構築の全体像を説明します。

　第2章、第3章では、設計の前提事項となる要件定義工程（場合によってはもっと前の検討工程）にて、どのような形でインフラ設計の元となるインフラ要件を決めていくのかについて記載しています。

　システム構築における各工程（全工程）のインフラ構築担当者の主要タスクを整理し、インフラ設計のインプットとなるイメージを示した上で、機能要件、非機能要件それぞれについての概要を説明します。

　そして非機能要件をまとめるための、非機能要求グレードにおける定義項目を解説します。

　最後に、これらの要件を元に、システム構成や開発機能を明確にするためのアプローチ法について説明します。

　第4章以降の後半部では、インフラ設計の詳細について記載しています。

　非機能要件の大項目（可用性、性能・拡張性、運用・保守性、セキュリティ）別に、設計における主要パターンと選択基準および設計における考慮点などを解説します。

　また、本書ではオープン系システムにおける、システムインフラ（基盤、運用）の領域を対象とし、主に要件定義から基本設計に至るまでの工程範囲をカバーしています。

　本書を読むことで、オープン系のシステム構成の実現イメージが深まり、インフラ設計における具体的な検討事項や考え方のポイントを押さえることができるでしょう。

　業務の中で実際にインフラ設計・構築を行っている皆さんの助けとなれば、これほど幸せなことはありません。

著　者

CONTENTS

CONTENTS

CONTENTS

0

システムインフラについて

0.1

システムインフラとは

「インフラ」という言葉は、世の中でよく使われ、耳にすることが多くなりました。これは、前述したとおり、インフラストラクチャ（Infrastructure）の略語ですが、日本語では「基盤」と訳されることがあります。

まず、一般の社会において、インフラを指しているものを幾つかあげてみます。

1. 交通網

車が安全に往来するためには、道路・信号等の整備が必要です。また鉄道、船舶、バス等も移動手段としてのインフラといえます。

図0.1-1 交通網のイメージ

2. 通信網

距離の離れた相手とコミュニケーションをとるための、通信網（電話やインターネットなど）がこれにあたります。

図0.1-2 通信網のイメージ

3. ライフライン

水道、電気、ガスは生活を継続していくには必須のインフラです。

図0.1-3 ライフラインのイメージ

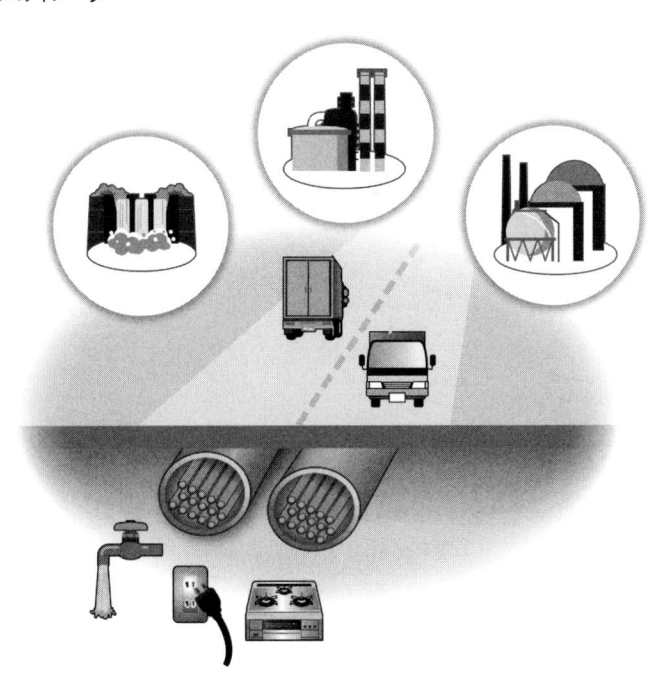

つまりインフラの一般的な解釈としては、ある何かの機能・サービスを提供する上で下支えとなる土台や仕組みを指しています。

　ではコンピュータシステムにおけるインフラとは何でしょうか。

　コンピュータシステムでは、株式取引やショッピングなどのサービスをアプリケーションによって提供しています。そして、利用者にサービスを供給する（利用者がアプリケーションを利用する）ための環境をシステムインフラと呼びます。

　例を示すと、以下のようなものがシステムインフラの要素となります。

- ・ハードウェア
- ・ネットワーク
- ・オペレーションシステム
- ・ミドルウェア

　オープンシステムが普及し、システムの構成要素が複雑化し多様になった現在、システムインフラの重要性は高くなっています。

0.2 システムインフラの使命

システムインフラには、利用者が不都合なくサービスを利用するために、以下のような役目が求められます。

1. 安定したサービス
2. 障害に備えた仕組み作り
3. 十分な性能
4. 将来への拡張性
5. 安全な環境作り

以下、これらの役目について解説します。

1. 安定したサービス

例えば、交通網が混乱すると渋滞・遅延が発生してしまいます。またライフラインが止まってしまうと生活そのものが困難になってしまいます。

インフラが不安定な状態であると、サービスに支障をきたします。
システムがサービスを提供する間、正常な稼働を継続できることが求められます。

図0.2-1 安定したサービス

2. 障害に備えた仕組み作り

　電車で事故が起きれば、生活の足は混乱を起こします。整備が不十分な道路は、事故に繋がります。

　コンピュータにおいても様々なトラブルは発生しますし、その可能性をゼロに抑えることはできません。そこでインフラでは、以下を目標に構成や仕組みを検討します。

　・障害時でも代替の設備または機能により、サービスを継続できること

　・障害からの復旧を短時間で行うこと

図0.2-2 障害に備えた仕組み作り

メインシステム　　バックアップシステム

メインシステムで重大な障害が発生しても
バックアップシステムに切替えてサービスが継続できる！

3.十分な性能

　主要な道路は、交通量にあわせて車線の数などを調整する機能が求められます。また、電気事業者は、使用者に必要な量を供給できる電気網を整備しています。

　コンピュータは、利用者に快適でストレスを感じさせない性能を持っている必要があります。このため、インフラは需要量・負荷を試算し、十分なキャパシティを確保しなければなりません。

図0.2-3 十分な性能

交通量の少ない道

交通量の多い道　→車線を多くして混雑を緩和

ギャアァアッ

4. 将来への拡張性

　交通量が増加すれば、道路の拡張や新設が計画され、実施されます。また、電気でも、利用者や使用量の変化に対応すべく、発電所や送電線設備を見直すことがなされます。

　システムを運用し続けていると、高度化する機能の負荷増大、利用者の増加などに応じて、インフラの性能向上が必要となってきます。また機能の追加や拡張があれば、より高性能・高容量なインフラが要求されます。

　環境資源のスペックは、これを検討する上で、将来の需要量に対応できる拡張性を持たせることを考慮する必要があります。

図0.2-4 将来への拡張性

マシン	最大CPU数	最大メモリ容量
PCサーバ製品A	～8	64GB
PCサーバ製品B	～4	32GB

わが社のWeb通販システムはすごい勢いで利用者が増えており、3年後には倍になっているだろう。
次期システムは拡張性の高い製品Aに構築し、いざという時に、CPUやメモリを増やせるようにしよう

5. 安全な環境作り

　道路には信号、標識を立て、事故防止の対策をします。同様にライフラインでは、漏電や
ガス漏れを防止するための設備を備えています。

　インターネットとスマートフォンの普及により、コンピュータシステムの利用範囲は格
段に成長し、個人や企業の重要な情報がインターネット上を飛び交うようになりました。
そのような状況の中、ユーザが安心してサービスを利用するために、コンピュータシステ
ムには以下のようなことが求められます。

- ・認証機能等で利用者を特定し、権限の範囲内での使用を可能とする。
- ・個人情報や取引内容などの重要データの機密性を確保し、第三者への漏洩を防ぐ。
- ・ハッカーやコンピュータウィルスなどの脅威から防御する。

　インフラを設計する際は、認証・暗号化といった仕組みから監視・運用に至るまで、セ
キュリティ対策に対して多角的な検討を行っていきます。

図0.2-5 安全な環境作り

　次章では、インフラ設計を学ぶ前段として、システム導入プロジェクトの全体の流れか
ら解説していきます。

第1章

インフラ構築の流れ

（設計の前にⅠ）

システム設計は、実際にシステムを構築する前に、どういったシステムをどのような仕様で作り込んでいくかを設計資料として落とし込んでいくことであり、インフラエンジニアにとっては重要な工程です。

　設計のもとになる情報は、「何を目的に、どのようなシステムを作るか」といったユーザからの様々な要求を要件として落とし込む要件定義の内容となります。このため、要件定義の工程で行われる内容や流れを理解することは、インフラエンジニアが質の良いシステム設計を行うためには、重要な要素となります。

　この章では、インフラ設計を学ぶ前段として、要件定義工程を中心に、システム導入プロジェクトの全体の流れを解説していきます（図1-1）。

図1-1 第1章の解説内容イメージ

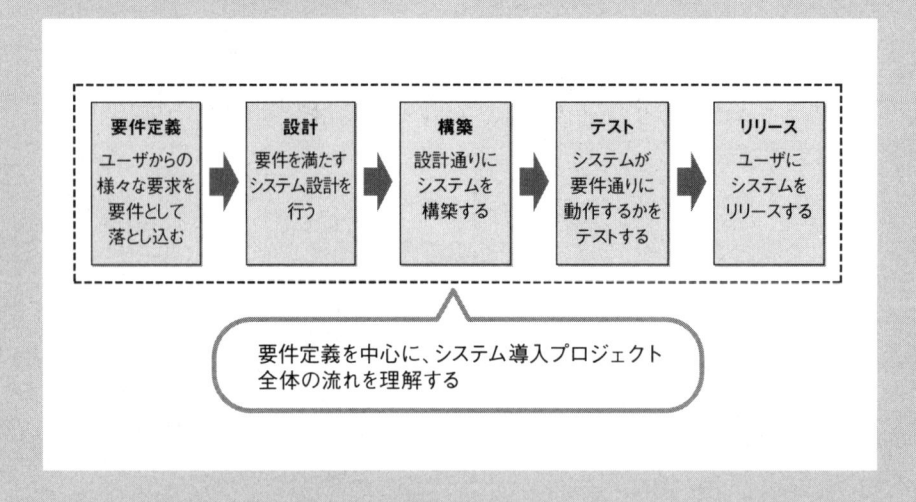

1.1

インフラ構築の流れ（1）
―各工程の流れ

　これからシステム導入プロジェクトにおける全体的な開発イメージの流れを説明しますが、その前に開発手法となる「システム開発モデル」についても触れておきます。

　システム開発モデルには、「ウォーターフォールモデル」、「プロトタイプモデル」、「アジャイル開発モデル」など様々な型があります。それぞれ開発の進め方や設計へのアプローチの方法が異なります。今回、説明のベースとして使用するシステム開発モデルは、これまで最も一般的に利用されている「ウォーターフォールモデル」で進めていきます。その開発モデルについては、今やWeb等に多く情報が掲載されていますので、興味がある方は調べてみましょう。

　ウォーターフォールモデルは、以下①〜⑦の7つの各工程を1つ1つ順番に完遂させていくといった特徴を持っています。各工程の流れのイメージを**図1.1-1**に示します。

図1.1-1 ウォーターフォールモデルにおけるプロジェクトの各工程イメージ

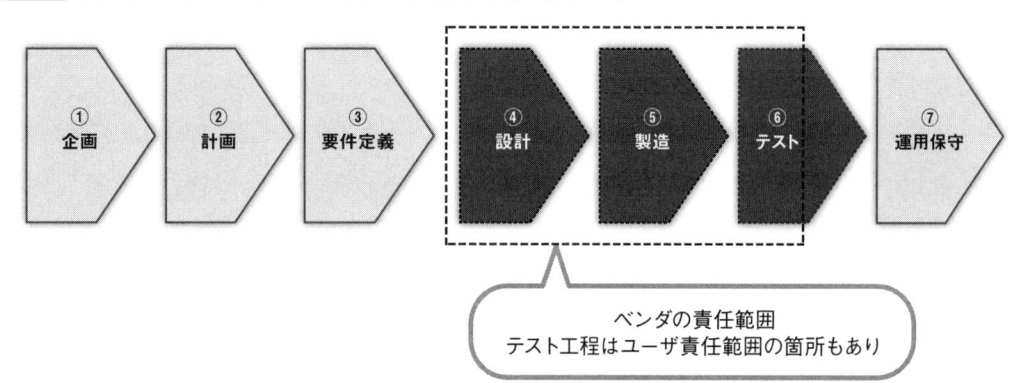

各工程の概要説明を、以下に記述します。

① 企画工程

企業経営の課題解決などを行う手段として、システム導入プロジェクト発足の企画を行う工程です。

② 計画工程

プロジェクトの開発スケジュールの計画や、会社、領域、組織、チームといったくくりの役割分担、体制などを明確に定める工程です。

③ 要件定義工程

ユーザ要求や制約条件を洗い出し、要求を要件として取りまとめる工程です。

④ 設計工程

要件定義にて取りまとめた要件を実現するためのシステム開発設計を行う工程です。

⑤ 製造工程

設計どおりにシステム構築、開発を行う工程です。

⑥ テスト工程

構築、開発したシステムが要件どおりに正しい動作をするか、様々な観点でのテストを行う工程です。テストが終われば、いよいよシステムとして稼働が始まります。

⑦ 運用保守工程

システムとして稼働が始まった後は、導入システムの安定稼働を目的としてシステムの運用保守を行います。

各工程については、次項で詳しく解説していきます。

Theory of Infrastructure Design

インフラ構築の流れ（2）
―企画および計画工程

　企業はなぜプロジェクトを発足させるのでしょうか。どのような企業も「課題を解決させたい」、「会社の売上を伸ばしたい」など何かしらの明確な目的があり、その目的を達成させるための手段として、新たなシステム導入などのプロジェクトを発足させます。

　企業は、目まぐるしく変化するビジネスニーズに対応する必要があり、限りある予算の中で、何を目的に、どの程度の費用を投資すべきかを判断しながら、会社を経営します。その最終的判断については、会社の経営層が行います。プロジェクトが発足する、しないは、その経営層の判断によって決まります。

　企画工程では、この企業が掲げる目的を達成させるための手段となるべく、プロジェクトを発足させるための企画書を作成し、その企画を経営層に承認してもらうことが目的となります。この工程では、プロジェクト発足のための企画書を通し、ビジネスパートナーとなるベンダ企業と契約を結ぶまでを行います。

　まずは、企画工程の全体的な流れをみていきましょう。**図1.2-1** にそのイメージを示します。

図1.2-1 企画工程の流れイメージ

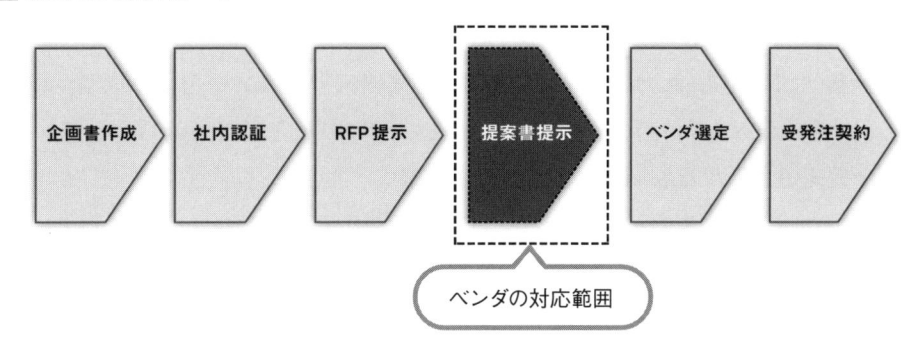

企画工程の詳細の流れを、以下で解説していきます。

1. 企画書の作成

プロジェクトを発足させるためには、まず、**図1.2-2**のようなプロジェクトの企画書を作成します。

図1.2-2 プロジェクト企画書項目

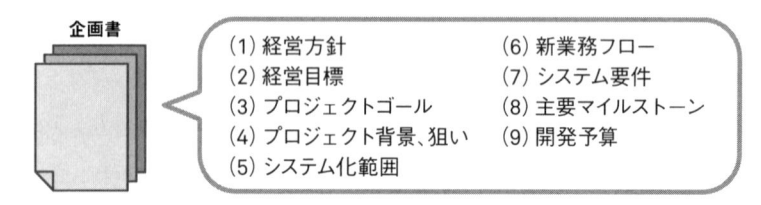

企画書
(1) 経営方針
(2) 経営目標
(3) プロジェクトゴール
(4) プロジェクト背景、狙い
(5) システム化範囲
(6) 新業務フロー
(7) システム要件
(8) 主要マイルストーン
(9) 開発予算

この企画書は、プロジェクトの目標、すなわち企業が掲げる課題を解決し、達成させるための手段を考え、それを企画・計画から実行に移すためのものです。プロジェクトを発足させるためには、前述したとおり、まずはこの企画書を作成し、社内承認を得る必要があります。

この企画書が、経営層の判断により無事社内承認されると、プロジェクトが発足します。

2. ビジネスパートナー（開発ベンダ）の選定

プロジェクト発足後は、その企画を実現に向けて共に対応していくビジネスパートナー（開発ベンダ）の選定を行う必要があります。ユーザは業務のプロですが、システム開発のプロではありません。このため、システム開発やシステムの稼働開始後の運用保守を専門とするベンダ企業と契約するケースが一般的です。ベンダ企業と契約するまでの流れを、**図1.2-3**に示します。

ユーザ企業は、RFP（Request For Proposal）という提案依頼書をベンダ企業に提示し、これをもとに、それぞれのベンダ企業が提案書を作成し、その中から実際に契約するベンダ企業をユーザ企業側が選択するといった流れになります。

RFPの提示からベンダ選定に至る流れを以下に記載します。

図1.2-3 ベンダ選定の流れ

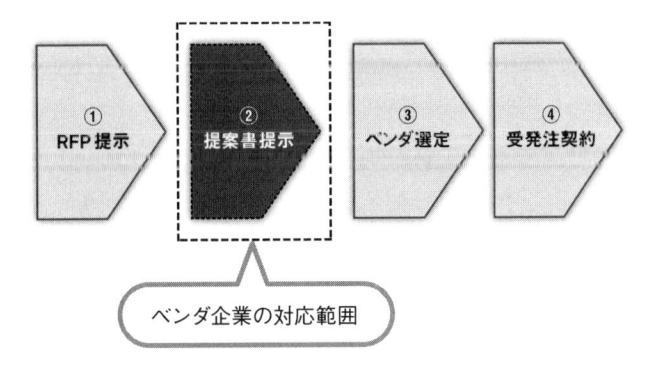

ベンダ企業の対応範囲

① RFP提示

　ユーザ企業は、複数のベンダ企業にRFPを提示します。ただし実際のところは、RFPの作成が難しいと感じるユーザ企業は多いので、ベンダ企業がユーザ企業の立場として契約を結び、積極的にRFPの作成支援を行うケースも珍しくありません。

② 提案書提示

　RFPの情報をもとに、ベンダ企業はユーザ企業へ提案書を作成し、提示します。その際RFPの内容に不明点などがあれば、RFI（Request For Information）と呼ばれる情報提供依頼書をユーザ企業に提示し、さらなる情報を得ることが重要になります。

③ ベンダ選定

　ユーザ企業は、複数のベンダ企業から提示された提案書の中から、プロジェクトの目標達成を共に目指すビジネスパートナーを選定します。

　選定基準は、その時々によって優先順位は異なりますが、基本的には、**表1.2-1**のような選定基準項目から、プロコン（Pros and Cons）と呼ばれるメリット、デメリットの比較を行うことでビジネスパートナーを選定します。

表1.2-1 プロコン比較表

選定基準	説明
機能	要件の実現性および将来に向けての計画がされているか等を評価
価格	システム導入から廃棄するまでに発生するトータルコストを評価
体制	開発体制、体制の具体性、納品後のサポート体制等を評価
納期	開発納期やその妥当性を評価
能力	開発者の技術力のみではなく、業界知識や業務知識、マネジメント力等も評価
実績	システムカテゴリ、業界、業務等の開発実績を評価
信用	設立何年目の会社か、財務状況や主要取引先などは健全かを評価

プロコン比較の結果イメージを、**表 1.2-2** に示します。

表1.2-2 プロコン比較の結果表

	機能	価格	体制	納期	能力	実績	信用
A社提案	△ 普通	○ 6億	△ 不明確	× 2020/3	△ 不明	△ 少ない	△ 不明
B社提案	△ 普通	× 12億	○ 明確	○ 2019/10	○ 良い	○ 多い	○ 良い

　上記プロコン比較の結果表の事例では、A社の提案は、B社よりもコスト（価格）が半分と安いが、導入時期（納期）が遅く、過去の取引実績がありません。これに対して、B社の提案は、コストは高いが、導入時期は短く、過去実績もあり能力が優れていることが実証済みです。どちらも一長一短です。ユーザ企業は、このような比較検討をもとに、A社とB社どちらをビジネスパートナーとして契約するかを意思決定します。

④ 受発注契約
　ユーザ企業は、選定されたビジネスパートナーと受発注契約を結びます。

ここまでが企画工程の内容です。開発ベンダが決まれば、次は計画工程となります。計画工程とは、今後のプロジェクトの進め方や役割分担を明確にする工程です。この工程から、プロジェクトはユーザ企業、ベンダ企業の共同作業となります。

　プロジェクトの参画メンバーも、**図1.2-4**のようなチームに分かれ、役割が分担されます。各チームは決められた計画スケジュールの中で、決められたインプット情報をもとに、決められた成果物をアウトプットするという明確な使命が与えられます。

　このインプット情報や成果物情報、スケジュールといった部分も全てこの計画段階で定義します。

図1.2-4 システム導入プロジェクトにおいて形成される主なチーム構成

プロジェクト管理チーム

プロジェクトの全体進捗管理や
課題管理等を行うチーム

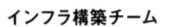
インフラ構築チーム

業務アプリケーションが動作する
システム基盤、インフラを構築するチーム

アプリケーション開発チーム

業務アプリケーションを
開発するチーム

ネットワーク構築チーム

ネットワーク基盤を構築するチーム

データ移行チーム

旧システムの業務本番データを
新システムへ移行するチーム

開発環境運用チーム

開発環境の維持メンテナンス、
構成変更等の運用を行うチーム

　このチームごとの役割分担や、全体および組織ごとの今後の進め方を、この計画工程でしっかり取り決められるかが、今後プロジェクトを円滑に進め、納期を守るための成功の鍵とも言えます。

　この役割分担や今後の進め方に曖昧な表現がされていると、**図1.2-5**のような責任の押し付け合いや作業漏れによる手戻りといった問題が発生しやすくなるので、開発イメージをしっかり行い、漏れのない計画、役割分担を行う必要があります。

図1.2-5 役割分担が曖昧なために発生する責任の押し付け合い

とはいえ、開発初期の段階からすべてのタスクを細分化し、明確な計画を立てることはほぼ不可能であり、そのときになってみないとわからないことも多くあります。

そのような場合は、課題管理表にその旨を記載しておき、その課題がいつまでに決めきれないと、どのようなリスクが発生するかなどを、しっかり管理してプロジェクトを遂行していくことが重要になります。

プロジェクトが大規模であるほど、多くのプロジェクトメンバーが参画するため、1人でも認識相違がある状態で開発を進めてしまうと、意図しない想定外のゴールにたどり着いてしまう恐れがあります。また、ユーザ要件を満たしていないシステムが稼働開始されてしまうといった危険性や、後から致命的な障害発生、急な仕様変更、追加コストの発生といった様々な弊害リスクが高まりプロジェクトの失敗原因に繋がり兼ねないのです。

この計画工程で、全員が同じゴールを目指し、誰が何をいつまでに対応していくのかという、目的、役割分担、スケジューリングを可能な限り明確に決めきっておくことが、プロジェクトを成功に導くために極めて重要になります。

ここで決定した役割分担や今後の進め方は、「プロジェクト計画書」や「WBS (Work Breakdown Structure)」と呼ばれる進捗管理表といったドキュメント上でまとめられ、プロジェクト全体に共有され管理します。

基本的に、このプロジェクト計画書やWBSの作成は、開発プロジェクトを数多く経験しているベンダ企業が実施するケースが多く、実際にシステム開発するベンダ企業が主体となって進めていくやり方が一般的です。

しかし、他システムとの連携の部分や、本番データの取り扱い等、ベンダ企業ではどうしようもできないタスクもあり、タスクや役割分担を見落としなく計画するためには、ユーザ企業もベンダ企業に丸投げするのではなく、互いに協力し合ってプロジェクトを計画・検討していくことが重要となります（**図1.2-6**）。

図1.2-6 ユーザベンダ間で話し合う様子

ベンダ企業　　　　　ユーザ企業

インフラ構築の流れ（3）
―要件定義工程

　要件定義工程では、様々なユーザ要求を洗い出し、導入システムの業務や仕様を明確化し、それらをもとにシステム化範囲と機能を定義していきます。

　具体的には、数あるユーザ要求の中からシステムとしての要求実現性を確認し、要求を要件として、仕様、納期、コストの兼ね合いから、どの機能（業務）をシステムとして実装するかを「業務要件」と「システム要件」に分けて、ユーザ企業と調整し確定させる工程となります。

　要件定義の範囲には、「機能要求」と「非機能要求」の2種類があり、主に先ほど説明した「業務要件」が「機能要求」、「システム要件」が「非機能要求」を要件として定義したものになります。主にインフラエンジニアが要件定義する範囲は、非機能要求となります。

　「機能要求」と「非機能要求」の違いについては、「2.1　インフラの要件定義」にて後述します。

　要件定義の内容は、要件定義書と呼ばれるドキュメント上で合意形成をとるやり方が一般的です。しかし、ユーザは業務のプロであっても、システム開発のプロではないため、単独で要件定義を行うケースはほとんどありません。

　そのような背景から、要件定義書の作成は、システム仕様をよく知るベンダ企業にて作成（または作成支援）するケースが、この日本においては一般化されています。

　次に、ベンダ企業が要件定義を行う際の、ユーザへのアプローチ方法について解説します。アプローチの流れを、**図 1.3-1** に示します。

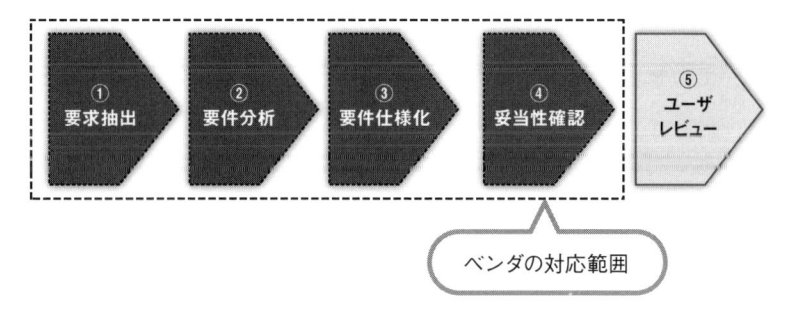

図1.3-1 ベンダが要件定義を行う際のアプローチ方法

① 要求抽出　② 要件分析　③ 要件仕様化　④ 妥当性確認　⑤ ユーザレビュー

ベンダの対応範囲

要求抽出から、ユーザレビューに至るアプローチ方法について、順を追って見てみましょう。

要求抽出（①）

まず初めに行うべきは要求の抽出です。

抽出手段は、ユーザヒアリング、ドキュメント提示依頼など様々ですが、後からこれも必要だったと抽出漏れが発生しないように、要求はなるべくこの初期の段階から網羅的に洗い出しておくことが重要です。

また、要求と同時に環境制約や法律、ルールに基づいた制限等についても洗い出しておく必要があります。

要件分析（②）、要件仕様化（③）

次に行うべきことは、抽出した要求の分析、要件の仕様化です。

要件定義で定義すべき要件項目に過不足がないか、具体的な数値として要求内容が表現されているか、複数のステークホルダー[*1]間で要求の矛盾や衝突がないか、仕様、コスト、納期、優先度の観点から、どの範囲の要求をシステムとして実現させるかといった要求に対しての分析チェックを行います。

分析結果はユーザとすり合わせることで「ユーザ要求」を「システム要件」として仕様化させていきます。

本書では、非機能要求に関する要求分析、仕様化の手段として非機能要求グレード[*2]を

---

*1　ステークホルダー：組織が行う活動によって直接的または間接的な影響を受ける利害関係者
*2　非機能要求グレード：IPA（Information technology Promotion）から無償公開される要件定義のツール

利用することを推奨しています（非機能要求グレードの詳細は、次章にて後述します）。

妥当性確認（④）、**ユーザレビュー**（⑤）

最後に整理した要件の妥当性を確認します。ここまでがベンダの対応範囲となり、確認がとれたらユーザーにレビューしてもらいます。なお、要件定義の責任は最終的にはユーザにありますので、ユーザ自身が要件、仕様を説明できるかがポイントになります。

・V字モデル

続いて、V字モデルについて解説します。

V字モデルは、ウォーターフォール型の開発手法において、要件定義や設計のフェーズをテストのフェーズと関連付けして表したモデルになります。V字モデルの概念を図にしたものが、**図1.3-2**ですが、工程が進むに比例してバグ発生時における設計手戻りコストが増していくということや、要件定義のミスは運用テストまで検証できないということを表しています。

図1.3-2 V字モデルによる手戻りコストの考え方

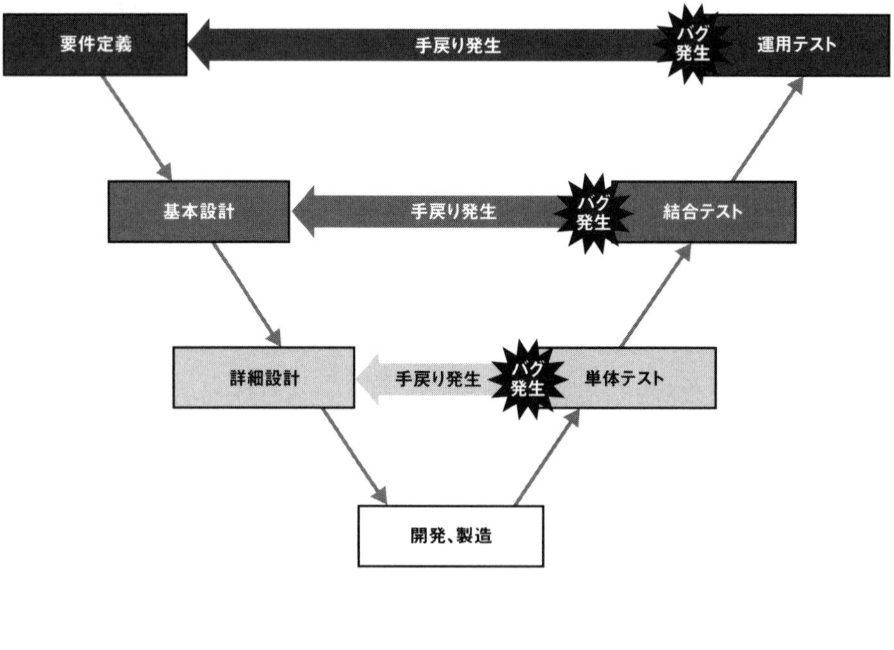

例えば、運用テストの工程において、Aバッチ処理のバッチ処理可能時間が要件定義で取り決めた「3時間以内」では運用スケジュールに納まらないため、「2時間以内」に要件を

変えてほしいという変更要求が発生したとします。

　この変更要求を受け入れる場合、影響範囲を明らかにして、要件定義内容の変更から、設計、製造、テストまで一連の流れを再度やり直す必要があり、これらの手戻り工数は非常に大きいということです。

　昨今のITシステムはネットワークの一般化の時代背景に伴い、複雑化、かつ、大規模、広範囲のものが増えてきています。
　そのため、関係するステークホルダーが非常に多く、この要件の抽出、洗い出し、調整がプロジェクトの成否に最も影響し、最大の課題になっています。

　この要件定義で失敗すると、次のようなプロジェクトの失敗に繋がる大きなリスクを抱えてしまいます。
　・先のV字モデルのとおり、手戻り工数が多くかかっている
　・作ったシステムの使い勝手、品質が悪いため、全く使えない
　・手戻りが多く発生して、予算オーバーとなる

　要件定義は、この後の設計や製造、テストに繋がるインプット情報の原点となります。そのため、十分な時間をかけて、漏れなく合意形成をしておくことが重要となります。万一、システム設計時において、要件定義情報の曖昧さを発見した際には、多少時間を費やしてでも要件を具体的な数値として表現してもらうようユーザと調整するなど、見て見ぬふりをしない姿勢が、プロジェクトの失敗リスクを減らす重要な鍵を握ることになります。

要件定義って誰の責任？

ウォーターフォール型開発のプロジェクトにおいては、どんなシステムの構築を行う場合でもほぼ必ず実施されると言ってもいい要件定義ですが、要件定義における「責任」の所在は意外と曖昧だったりします。では、この責任は誰にあるのでしょうか？

そもそも、要件定義を実施する理由に立ち返ってみましょう。要件定義とは、「どんなシステムを作り、どんなことを実現したいのか？」という点を文書で定義する作業です。後続の局面は、すべてここで定義された「要件定義書」がベースになります。　受注者の責任は、その要件定義書において決定した内容に沿って粛々とシステムを構築し、作り上げることだけです。要件を決めるのは、あくまでも発注者の仕事であり、責任です。

よく、後続の局面において不備が発生し、「ちゃんと要件定義を行ったのか??」というクレームが「発注者側」から「受注者側」に浴びせられることがあります（実際に筆者も経験があります）が、それは本来発注者側の責任なのです。そのため、要件定義の不備によるコスト増、納期遅れなどについては、発注者側の責任でリカバリ対応を行わなければいけないのです。

要件定義工程では準委任契約、設計・開発工程では請負契約と、工程によって異なる契約形態をとることが多いのはこのためです。

要件定義作業は、本来は発注者の業務部門とIT部門にて進めるものですが、実際の現場では、この段階から受注者（ベンダ）が参画し、二人三脚で作業を行っていくことが多くあります。しかしこの段階では、あくまで受注者側は「支援者」として発注者の立場に立った支援を行います。ただしこの場合でも、要件定義で作成した成果物が最終承認された時点で、成果物に対する責任は発注者にあることを忘れてはなりません。仮に受注者側で定義した部分について、後々修正が必要になったとしても、発注者側で実施する必要があるのです。

インフラ構築の流れ（4）
―設計および製造、テスト工程

要件定義が終わるといよいよ設計工程となります。設計工程は、本書が扱うテーマの中心項目です。

1. 設計工程

前工程の要件定義工程にて、ユーザが実現したい要件がすべてまとまった状態になりました。設計工程は、「ユーザの要件定義の内容を全て満たすためのシステム設計を行う」という工程となります。

設計は、要件を実現するシステム構造や仕様の詳細を決める工程となるため、例えばハードウェア選定においては、どのメーカーのどの機種を使用して、どういったパラメータで実装するか、といったことを決定していきます。

要件定義までの責任範囲は、要件を伝える側のユーザとみなされていましたが、設計工程からは、要件を実現するベンダ側になります。また、開発ベンダの中でも、インフラエンジニアが担う設計範囲は以下3点です。
・要求実現を満たすシステム処理方式を定義するアーキテクチャ設計
・システム構成設計（ハードウェア、ソフトウェア、ミドルウェア、アプリケーション実行環境等）
・運用設計

アプリケーション設計は、アプリケーションチームが担当し、ネットワーク設計はネットワークチームが作成を担当します。このイメージを**図1.4-1**に示します。

インフラの設計工程では、前工程で作成した要件定義書をインプットとして基本設計書

（概要設計書、外部設計書等）を作成し、基本設計書をインプットとして詳細設計書（パラメータ設計書やプログラム設計書、内部設計書等）を作成していきます。インプット、アウトプットの流れのイメージを、**図1.4-2** に示します。

図1.4-1 インフラエンジニアの主な設計範囲

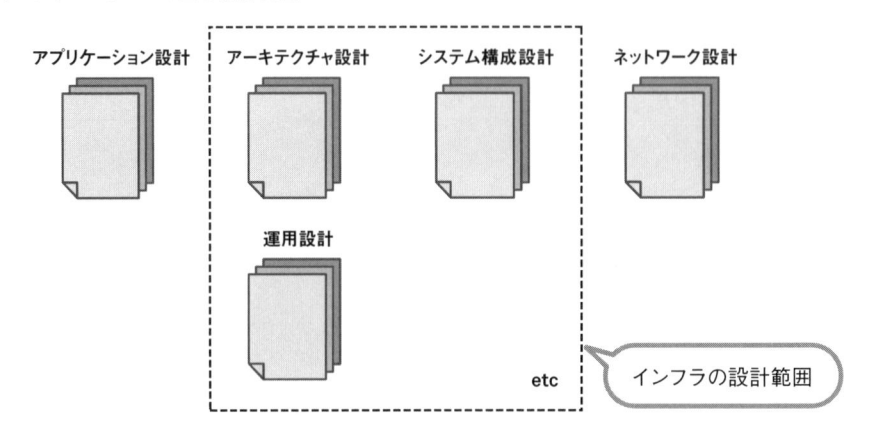

図1.4-2 設計書作成の流れ

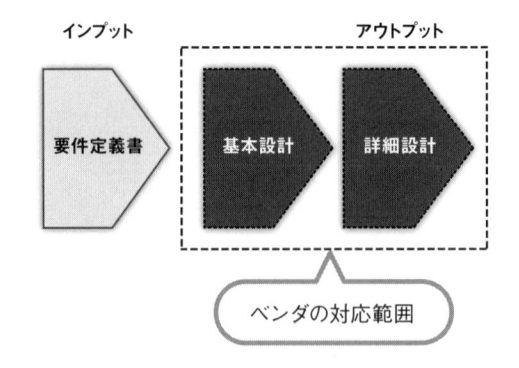

2. 製造工程

　前工程での設計に従って、システム環境を構築する工程が製造工程です。具体的には、OS（Operating System）のインストールやミドルウェアの設定等がこれに該当します。

　システム設計の内容どおりに環境構築を行うため、まずは構築手順書や構築後の検証手順書を作成します。これらは、詳細設計書の各種パラメータをもとにして、設計内容に沿った環境構築手順書および検証手順書として作成されます。

製造工程でミスがあると、後工程でのテスト工程で影響が出るため、行き当たりばったりとなる環境構築作業は絶対に行ってはなりません。必ず事前に手順書やチェックシートを作成し、ミス、漏れがないように対応することが重要です。

これらの作業イメージを、**図1.4-3**に示します。

図1.4-3 インフラエンジニアが手順に沿って作業するイメージ

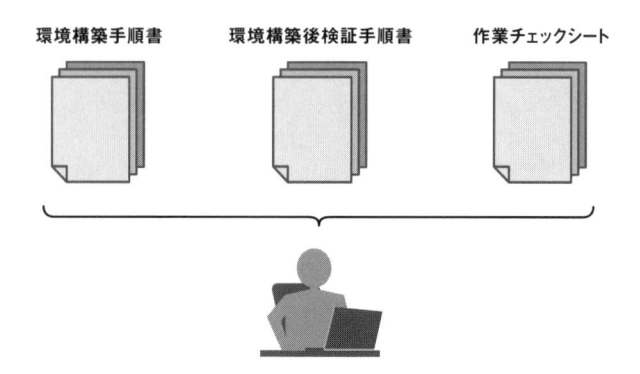

環境構築手順書　　　環境構築後検証手順書　　　作業チェックシート

構築手順書へのインプット項目となるパラメータは、設計時に設定値の根拠が分かるようにしておくと、後々にパラメータを変更する必要が生じた際、その影響を確認したり、設計内容を見直すときに有効な資料となります。

また、構築中は実機に反映した裏付けを取ることも大切です。裏付けとは、実際に構築した際の作業ログを取得するということです。裏付けを取っておくことで、何か不具合があった際に、いつ、何に対して、どういった作業を行ったのかといった作業の証跡を確認することができ、不具合原因の追究に役立たせることができます。

3. テスト工程

製造が終われば、次はテスト工程に移ります。

テスト工程では、構築したシステム上で開発したOS、ミドルウェア、アプリケーション等が、要件定義、設計どおりに正しく動作することを確認します。

テスト工程には、以下のようなテストがあり、段階的に行われます。

① 単体テスト

プログラムを構成する部品ごとに、動作確認をするテストのことです。

インフラエンジニアによる単体テストでは、サーバ単体でのOS、ミドルウェアによる機能確認を行います。

　単体テストのイメージを、**図1.4-4**に示します。

図1.4-4 インフラエンジニアが手順に沿って作業するイメージ

② 結合テスト

　部品間の接続（インタフェース）を動作確認するテストのことです。

　インフラエンジニアによる結合テストでは、サーバ間でのOS、ミドルウェアの機能間連動確認を行います。例えば、WebサーバとDBサーバを連携させるようなテストが、これに該当します。

　結合テストのイメージを、**図1.4-5**に示します。

図1.4-5 結合テストのイメージ

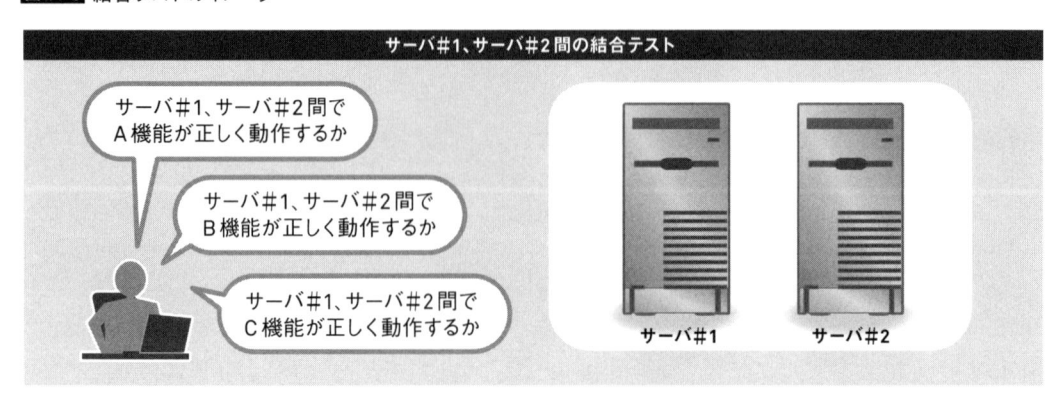

③ システムテスト

本番運用を想定したシステム全般に関するテストのことです。

本番運用を想定するため、日次、週次、月次、年次など定期的に行われるシステムの運用を実際に稼働させて動作確認や検証などを行い、システム要件が満たされているかを確認します。

例えば、以下のようなことを検証します。

・ピーク時のレスポンスおよびスループットが要件を満たしていることを検証
　⇒高負荷状態でもシステムリソースに問題がないかを確認する
・障害発生時や災害発生時のシステム切替・回復・業務復旧の一連のプロセスを検証
　⇒機能および手順の妥当性を確認する
・通常日、特定日等イベントを狙った実際の稼働シナリオテストを検証
　⇒実際の稼働時と同じ状況下での業務確認を行い、機能面や性能面などで問題ないかを確認する

システムテストのイメージを、**図 1.4-6** に示します。

図1.4-6 システムテストによりファイル転送が正しく動作するかのテスト

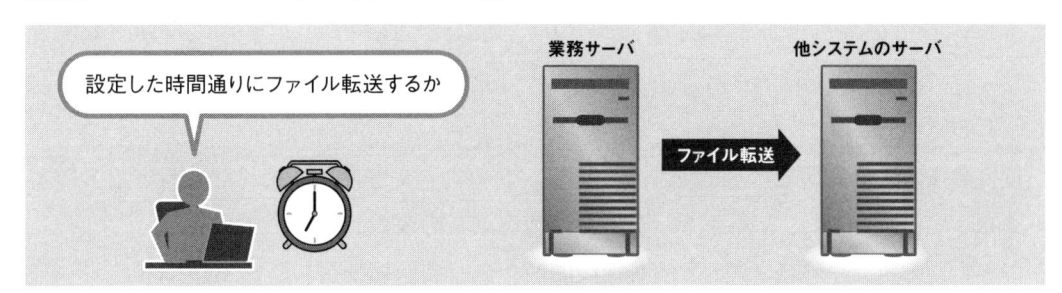

④ 運用テスト

導入後のシステム運用を想定したテストです。

システム運用部門が、実際のオペレーションマニュアルに基づき、本番同様の動作環境と運用体制で、システム全体の機能や運用についてテストを実施します。

運用テストのイメージを、**図 1.4-7** に示します。

図1.4-7 運用マニュアルに沿って、手動バックアップできるかのテスト

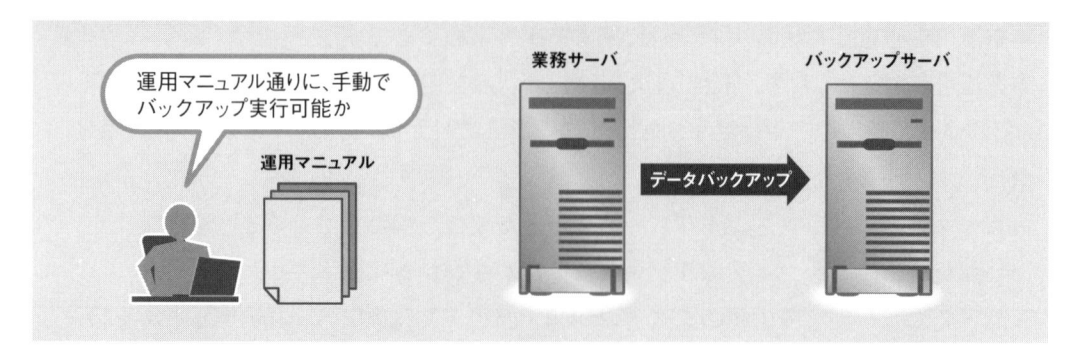

⑤ ユーザ受け入れテスト

　導入後のユーザ業務利用を想定したテストです。

　業務利用ユーザが、業務要件を充足しているかの確認を行います。また、業務フロー、事務手続きと整合性が取れているかの最終確認も打鍵（だけん）して行います。

　システムテスト以降は、業務シナリオのテストや関連システムと連携したテストなどがあるため、テストケースの検討から、アプリケーションエンジニア、関連システム側のエンジニア、業務に詳しいユーザらとの横の繋がりが重要であり、足並みを揃えてテストしていく必要があります。

　特に業務シナリオ関連の確認が不足すると、システムが稼働開始後に想定外となる障害が多発しやすいため、しっかりとした協力体制を築く必要があります。

　システムテスト以降は、テストの責任範囲がユーザ側に切り替わります。

　テスト工程の流れのイメージを、**図1.4-8**に示します。

図1.4-8 テスト工程の流れ

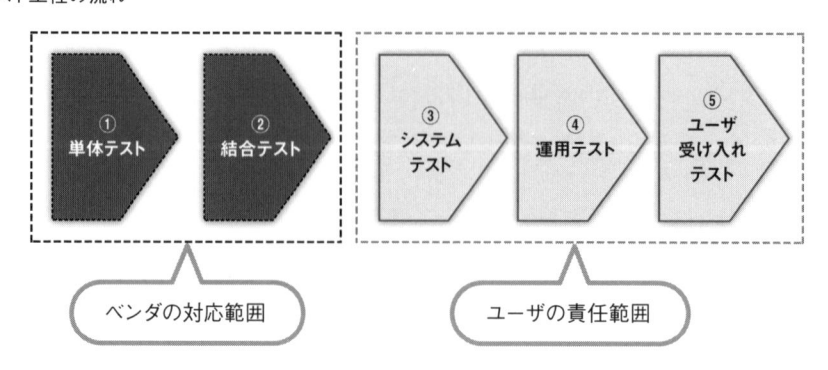

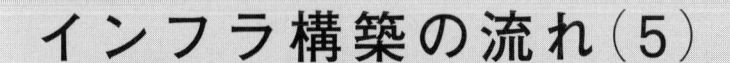

インフラ構築の流れ（5）
—運用保守工程とプロジェクトライフサイクル

テストが終われば、いよいよシステム稼働の開始を迎えます。インフラエンジニアは、システム稼働の開始後、システムの安定稼働を目的にシステムの運用保守を行います。

1. 運用保守工程

システム運用の代表例を、以下（1）〜（5）に示します。

（1）監視運用

システムの安定稼働を目的として、障害や不具合の早期発見を目的に行う運用です。

監視運用のイメージを、**図1.5-1**に示します。

図1.5-1 監視運用のイメージ

（2）バックアップ運用

　バックアップには、システムバックアップとデータバックアップの2種類があります。システムバックアップはOSを含むイメージバックアップであり、システム障害からの復旧を目的としたバックアップ運用です。

　データバックアップは、その名のとおり、データ破損や紛失に備えて復旧するためのバックアップ運用になります。

（3）ウイルス対策運用

　アンチウイルスソフトを導入し、様々な悪影響を及ぼすウイルスの検知や除去を行う運用です。次々と進化する新種のウイルスがサーバに感染しないよう、パターンファイルというワクチンソフトを定期的に更新する必要があります。

　ウイルス対策運用のイメージを、**図1.5-2**に示します。

図1.5-2 ウイルス対策運用のイメージ

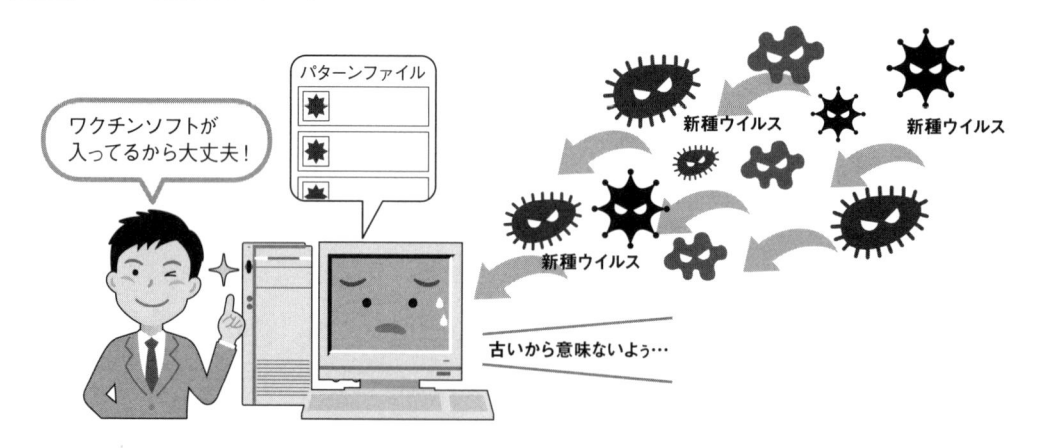

（4）パッチ、ファームウェア適用

　ウイルス対策同様、システムに悪影響を及ぼす可能性の排除を目的としたセキュリティパッチやファームウェアの適用を定期的に行う運用です。

（5）自動化運用

　定期的なサーバの再起動や、ログ転送などを自動で運用する仕組みのことです。自動化運用は人手を介さないため、人的作業ミスの軽減や、運用コストの削減に繋がります。自動化運用は、その実現方法としてシェルスクリプトでの自動化処理開発が必要になります。

2. プロジェクトライフサイクル

　プロジェクト開発の流れの大枠については、以上に述べたとおりですが、もう1点銘記すべき重要なことがあります。それは、運用保守工程がプロジェクトの最後の工程にはならないということです。

　図1.5-3に示すとおり、システム開発のライフサイクルは、この運用保守のあとにはまた企画工程と最初の工程に戻り、終わることなく続いていきます。

　もう少し具体的に言うと、この運用保守で監視した分析結果情報が、ユーザの経営企画へと還元され、この結果や市場傾向をもとに、システム更改や次の新システム構築といったビジネス戦略企画へと繋がっていくということです。

　一般に、企業にとってはビジネス存続にかけて、プロジェクトを常に回し続けていくことが必要とされています。プロジェクトに携わる場合は、自分が関わったプロジェクトの終了がその場限りのゴールとなるのではなく、次のスタートにつながっているという認識で対処していくことが重要です。そのためには、次のステージへの継続や移行が容易に行えるよう設計や作り込みの時点で配慮すること、さらに次の担当者が正しく引き継げるよう仕様書やマニュアルなどの手がかりをきちんと残しておくなどの心がけが重要です。

図1.5-3 プロジェクトのライフサイクル

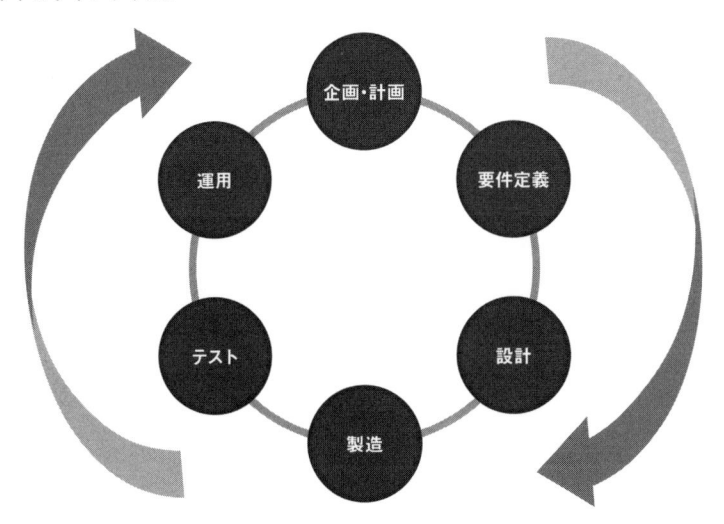

2

第2章

インフラの要件定義と非機能要求

（設計の前に Ⅱ）

第3章以降で解説するインフラ構築における要件定義とは、どのような範囲であり、どういった項目があるのでしょうか。

　また、それらの要件定義を進めるにあたって、一般的に企業はどういった課題を抱えており、どのような方法で解決できるのでしょうか。

　第1章ではシステム導入プロジェクトにおける全体的な開発イメージの流れを解説しましたが、この章では、第3章以降で解説するインフラエンジニアがシステム設計を行う前提となる要件定義工程について、インフラ部分に特化した内容で解説していきます（図2-1）。

図2-1 第2章の解説内容イメージ

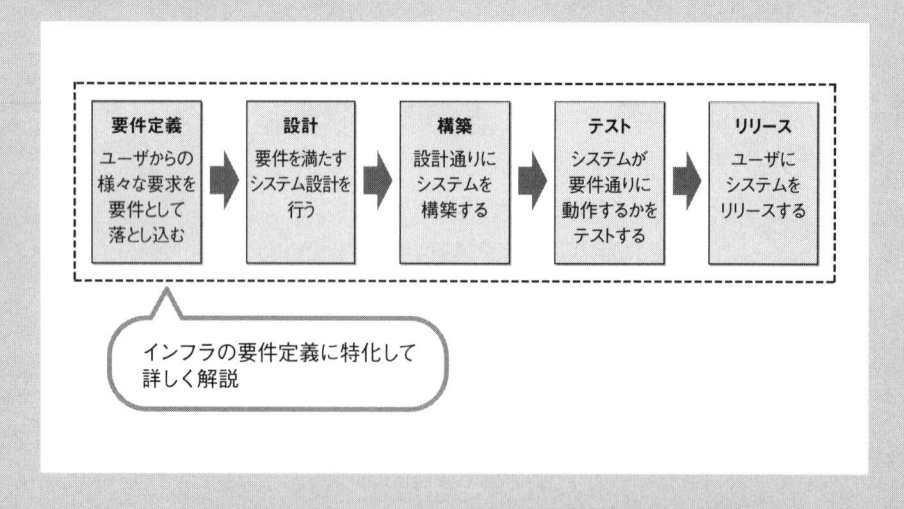

インフラの要件定義

　これまでの解説で、システム設計を行うためには、その前提のインプット情報として要件定義が必要であり、システム設計の先にはシステム構築やテストがあるということなど、システム導入プロジェクトにおける全体的な開発イメージの流れを説明しました。

　さて、この章では、インフラエンジニアがシステム設計を行う前提となる要件定義工程について、インフラ部分に特化した内容で解説していきます。

1. 機能要求と非機能要求

　「1.3　インフラ構築の流れ ―要件定義工程」にて、要件定義工程で定義すべき要件には、機能要求と非機能要求の2種類が存在し、主として「業務要件」の要件定義が「機能要求」、「システム要件」の要件定義が「非機能要求」に分類され、インフラエンジニアが主に要件定義すべき範囲は「非機能要求」の部分であるということを説明しました。

　この章では、機能要求と非機能要求の違いについて、詳しく説明します。

　機能要求とは、例えば、「個別システムを統合したい」や、「事務作業をシステム化したい」といった業務要件そのものの実現要求のことであり、業務を動かすためのアプリケーション機能やデータそのものの要求を示します。これは、主にアプリケーションエンジニアが要件定義を担当します。

　一方、非機能要求は機能要求以外のことを示し、例えば、「Aという業務処理は3秒以内に応答を返してほしい」とか、「万が一、システムが停止した際には障害発生から長くても3時間以内には業務復旧してほしい」といった、主に業務を安定稼働させるための要求になります。これは、業務そのものではないシステムの性能や品質部分の実現要求のことを

示し、主にインフラエンジニアが要件定義を担当します。

本書では、インフラエンジニアが担当する非機能要求の要件定義について説明します。

機能要求と非機能要求の違いを**図2.1-1**に示します。点線で囲まれた部分が非機能要求に関連する範囲であり、それ以外は機能要求になります。

図2.1-1 機能要求と非機能要求の違い

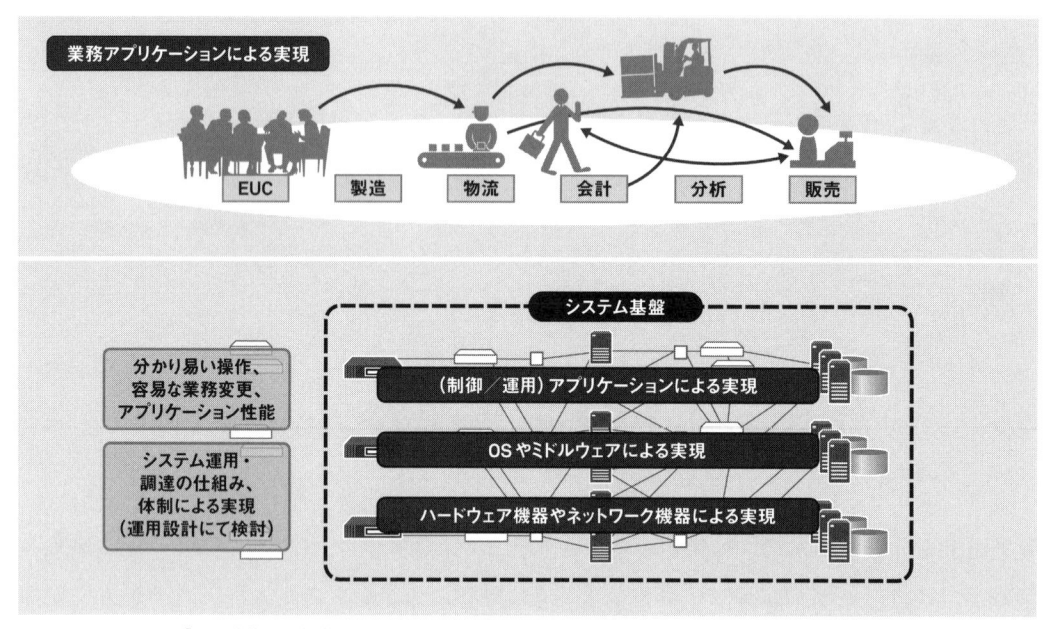

『IPA：非機能要求グレード利用ガイド［利用編］ 図1.1.1 非機能要求グレードの段階的な利用』(©2010 IPA) より転載

2. 非機能要求の課題

非機能要求は、業務要求ではないため、要件を提示するユーザにとっては専門性が高く、かつ、プロジェクト初期段階においてはユーザが関心を持ちにくいといった傾向があります。そのため、非機能要求の必要性をユーザがベンダへ要件として提示しにくく、そのまま要件が具体化されず、曖昧なまま次工程に進んでしまうといったケースが起こり得ます。

一方ベンダ側も非機能要求とそれを実現する手段について、ユーザが要件を明確にしてくれないため、提案しづらいという課題を抱えています。

この双方の課題が非機能要求の定義漏れや認識違いといったギャップを生み、下流工程

での問題発生、要件変更など、開発や運用でのトラブル原因を作ってしまうのです。

このギャップのイメージを、**図2.1-2**に示します。

図2.1-2 非機能要求の要件定義における課題

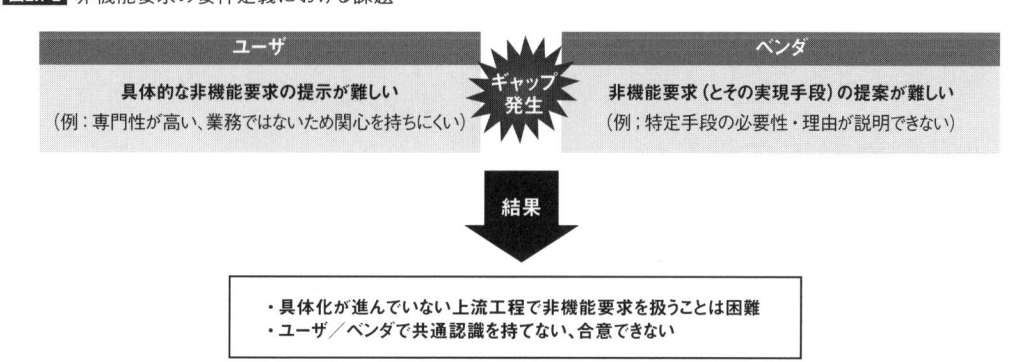

ユーザ	ベンダ
具体的な非機能要求の提示が難しい （例：専門性が高い、業務ではないため関心を持ちにくい）	**非機能要求（とその実現手段）の提案が難しい** （例：特定手段の必要性・理由が説明できない）

ギャップ発生

結果

・具体化が進んでいない上流工程で非機能要求を扱うことは困難
・ユーザ／ベンダで共通認識を持てない、合意できない

リスク誘発

システム開発	システム運用上のリスク拡大
（プロジェクト運営）の成否へ影響 [基盤の変更、下流で問題発覚]	**[想定外、あるいは極限状態での利用運用]**

『IPA：非機能要求グレード利用ガイド［利用編］　図1.1.1　非機能要求グレードの段階的な利用』（© 2010 IPA）より転載

また、非機能要求の要件定義が難しい理由は、要件が具体的な数値として表現されていないという点があります。曖昧な表現の要件だと受け取る側の人によって感覚にズレが生じます。

例えば、システム障害時の業務復旧は可能な限り早く復旧してほしいと定義したとします。これは、「可能な限り」の部分が曖昧な表現となってしまっています。

ユーザは半日以内に復旧するくらいと想定して、「可能な限り」と伝えていたかもしれませんが、ベンダは1日以内に復旧すればよいと捕えてシステムを設計、構築してしまうかもしれません。この時点で認識のズレが生じ、ユーザが意図しないシステムが構築されてしまい、テスト工程まで進んだ後になって気づき、手戻りが発生してしまうのです。

2.2

非機能要求に対する
課題解決の第一歩
─非機能要求グレードの活用

　前節で説明した非機能要求における発注者と受注者との認識の行き違い（ギャップ）や、互いの意図とは異なる理解をしたことに気づかないまま開発が進んでしまうリスクを防止すること、および非機能要件の定義漏れ防止を目的として、非機能要求グレードと呼ばれるツールが存在します。

　非機能要求グレードは、下記ダウンロード先URL（非機能要求グレードの公開先）から自由に無償ダウンロード可能であり、ユーザとベンダの双方で同じツールを利用することができます。すなわち、発注者、受注者間の共通ツールとして利用することが可能ということです。

ダウンロード先URL（非機能要求グレードの公開先；IPA Web サイト）

http://www.ipa.go.jp/sec/softwareengineering/reports/20100416.html

非機能要求グレードって信用できる？
どういった経緯で作られたものなの？

本コラムでは、非機能要求グレードがどういった背景から誕生したものなのかを紹介します。

まずは、時系列の流れを**図1**をみて確認してみましょう。

いまでこそIPAにより一般公開されている非機能要求グレードですが、もともとは、株式会社NTTデータ、富士通株式会社、日本電気株式会社、株式会社日立製作所、三菱電機インフォメーションシステムズ株式会社、沖電気工業株式会社の国内SI事業者6社および発注者企業7社から構成された「システム基盤の発注者要求を見える化する非機能要求グレード検討会」が非機能要求の知見やノウハウ、意見を出し合い、それらを体系的に整理したことで、非機能要求グレードの初版が作成されたという経緯があります。

これだけ有名なIT企業が集結して非機能要求の課題解決に取り組んで作成されたものであることから、この非機能要求グレードがいかに信用できるツールであるかがわかりますね。

図1 非機能要求グレードの作成から現在に至るまでの経緯

2008年 9月	有志6社による「非機能要求グレード検討会」発足
	株式会社NTTデータ　　　　　　富士通株式会社 日本電気株式会社　　　　　　　株式会社日立製作所 三菱電機インフォメーションシステムズ株式会社 沖電気工業株式会社
2009年 5月	非機能要求グレード公開
2009年10月	非機能要求グレード最終版公開
2010年 3月	非機能要求グレード検討会の活動終了
2010年 6月	公開先をIPAに変更
2018年 4月	非機能要求グレード2018公開

非機能要求項目の概要

非機能要求グレードで定義している非機能要求項目は、以下のとおり、大きく6つの大項目に分類されています。各項目についての詳細は、次項より解説します。

① 可用性

可用性とはシステムサービスを継続的に利用し続けるための要件のことです。

システムの壊れにくさ、信頼性などを意味します。

② 性能・拡張性

性能・拡張性とはシステムに求める性能（処理速度）と、将来リソース不足になったときのシステム拡張に関する要求のことです。システムのレスポンスの良さや、リソース不足時に容易に拡張可能なことなどを意味します。

③ 運用・保守性

運用・保守性とはシステムの安定稼働を目的としたシステム運用と保守のサービスをどの程度手厚く実施するかの要件のことです。バックアップによるデータ保護や、問題発生時の対応レベルなどを意味します。

④ 移行性

現行システム資産を開発システムへ移行する手段や計画などの要件のことです。移行手段、計画のほかにもリハーサル有無の実施なども含みます。

⑤ セキュリティ

セキュリティとはシステムの安全性を高めるための対策要件のことです。利用アクセスや不正アクセスの防止策などを意味します。

⑥ 環境・エコロジー

システムの設置環境やエコロジーに関する要求のことです。耐震、免震、重量、空間、温度、湿度、騒音などといったシステム環境に関する事項や、CO_2排出量や消費エネルギーなどのエコロジーの要求を意味します。

非機能要求項目 （その1）
─可用性

　可用性はシステムの信頼性を意味します。本来システムは何事も問題なく継続利用できることが望ましいのですが、どのようなシステムもハードウェアの故障、ソフトウェアのバグ、地震や火災などの災害発生など、様々な障害要因により予期せぬサービス停止が発生します。可用性要件の検討では、そのような場合においても、いかにサービス停止させないようにするか、あるいは影響範囲を極小化させることができるかを検討します。

　非機能要求グレードにおける可用性要求の項目は、「**① 継続性**」、「**② 耐障害性**」、「**③ 災害対策**」、「**④ 回復性**」の4つの中項目から構成されています。要件の概要を以下にて解説します。

1. 継続性

　継続性とは、サービスを継続的に利用し続ける能力、すなわち、システムの稼働率を定義する項目です。稼働率とは、システムがサービスを提供すべき時間のうち、実際にサービスを提供できた時間の割合のことをいいます。稼働率の求め方は、以下の**計算式2.3.1-1**のとおりです。稼働率は実績などから計算されますが、可用性を要求する際の重要な目安となります。

計算式2.3.1-1 稼働率の求め方

$$稼働率 = \frac{実際にサービスが利用できた時間}{サービスを提供すべき時間} \times 100$$

　稼働率を求めるには、まず分母となる「サービスを提供すべき時間」を定義します。例えば、週5日9時〜17時とするか、24時間365日連続稼働とするかということです。
　そして、上記で定めた「サービスを提供できる時間」のうち、「実際にサービスが利用で

きた時間」の割合が稼働率になります。

　例えば、24時間365日連続稼働で年間5分程度のサービス停止しか許容しない場合の稼働率は、以下の**計算式2.3.1-2**のとおりで、99.999%になります。

24時間365日稼働で年間5分程度のサービス停止を許容するシステム稼働率

年間稼働時間の算出　24時間 × 365日 = 8760時間 / 年

年間サービス停止許容時間　5分 /60分 = 0.08時間

8760時間の内、0.08時間のサービス停止を許容するシステムの稼働率は…

$$\frac{8760時間 - 0.08時間 \text{（実際にサービスが利用できた時間）}}{8760時間 \text{（サービスを提供できた時間）}} \times 100 = 99.999$$

⇒99.999%の稼働率が要件となる。

　また、1日8時間で週5日稼働のシステムで月間1時間程度のサービス停止を許容する場合の稼働率は以下の**計算式2.3.1-3**のとおり、99.4%になります。

1日8時間週5日稼働で月間1時間程度のサービス停止を許容するシステム稼働率

年間稼働時間の算出　8時間 × 240日 = 1920時間 / 年

年間サービス停止許容時間　1時間 × 12ヶ月 = 12時間

1920時間の内、12時間のサービス停止を許容するシステムの稼働率は…

$$\frac{1920時間 - 12時間 \text{（実際にサービスが利用できた時間）}}{1920時間 \text{（サービスを提供できた時間）}} \times 100 = 99.4$$

⇒99.4%の稼働率が要件となる。

　本来は、通常日の他にも、休日・祝祭日や月末・月初など通常の運用スケジュールとは異なる稼働時間となる特定日や、計画停止日の有無などについても考慮する必要があります。

もちろんこの稼働率の計算を行うには、上記で記載する「サービスを提供すべき時間」のほかに、要件算出の前提条件となる以下の事項などを定義することが求められます。

（1）継続する必要のある対象業務範囲はどの範囲までとするか
（2）想定障害時における業務切り替え許容時間はどのくらいか
（3）どの業務までを復旧対象とするか
（4）どの時点のデータまでを保証するか
（5）リストア時における業務復旧時間はどのくらいか
（6）大規模災害時における業務再開目標はどのくらいか

　これらの定義を行うことで最終的な稼働率を求め、継続性の要件が確定します。

　最後に、稼働率の求め方には、以下の計算式もありますので、こちらも紹介します。

計算式2.3.1-4 稼働率の求め方（別式）

$$稼働率 = \frac{平均故障間隔（MTBF）}{平均故障間隔（MTBF）＋平均修理時間（MTTR）}$$

MTBF：Mean Time Between Failures　　　MTTR：Mean Time To Repair

2. 耐障害性

　耐障害性とはシステム障害に対する耐性要求のことであり、先に説明した、継続性で決定した内容に応じて、サーバ、端末、ネットワーク機器、ストレージといったハードウェアの機器やコンポーネント（内蔵ディスクや、電源、FANなど）をどのレベルで冗長化するか、データバックアップ、リストアの対象範囲はどこまでとするかなどを検討します。この耐障害性の決定は、必ず発生コストとの兼ね合いになりますので、プロジェクト予算との関係で、どの範囲をどこまで手厚い構成で準備するかを、しっかり吟味して検討し決定する必要があります。

　例えば、下記の**図2.3.1-1**は、耐障害性を高めるサーバ機器の冗長化イメージです。冗長化しておけば、万が一PRIMARYサーバが故障しても、STANDBYサーバ側で業務継続できるためサーバの耐久性を高めることができます。しかし、この冗長構成の実現には、サー

ビス業務切り替え用ソフトウェアの導入や、サーバ自体を2台以上用意する必要があるので、単体構成に比べ、コストは倍以上必要になる計算になります。

図2.3.1-1 サーバ冗長化イメージ

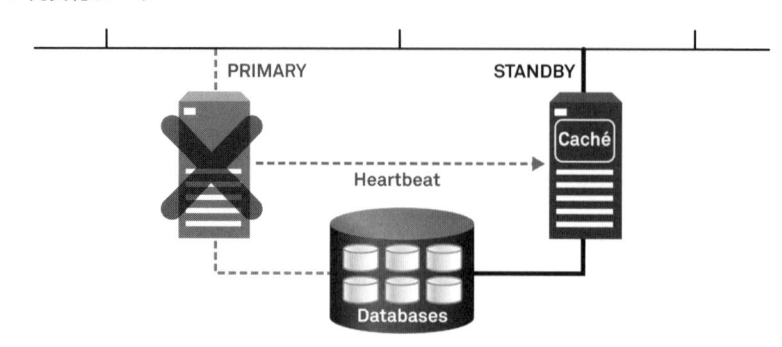

　費用対効果の面から、どのレベルまでの耐久性を用意する必要があるかは十分に検討し吟味する必要があります。

3. 災害対策

　災害対策は、**図2.3.1-2**のような、地震、水害、火災などの大規模災害時における業務継続性を満たすための要求であり、このような有事に際し、情報システムの受ける被害を極力少なくすることを検討し、または被害を受けても企業活動が停止しない代替手段などの準備をしておく対策のことをいいます。

　災害対策は、**BCP**[*1]と呼ばれる事業継続計画や、**DRP**[*2]と呼ばれる災害復旧計画などの手段により行われます。

　この要求を高いレベルで求める場合、遠隔地のバックアップサイトを準備する必要があり、更にサーバも二重化構成で必要になるため、コストへの影響が非常に大きいといった特徴があります。しかし、2011年3月11日に発生した東日本大震災によるインパクトから、昨今この災害対策に対する重要性が再確認されつつあります。

[*1] **BCP**：Business continuity planning：災害などのシステムリスクが発生したときでも重要業務を継続させるために戦略的に準備しておく計画

[*2] **DRP**：Disaster recovery planning：災害で被った被害や損失を復旧するために事前に準備しておきべき事項や緊急時の対応方法などを定めた計画

図2.3.1-2 主な災害

地震

水害

火災

4. 回復性

　回復性とは、システム障害などにより、業務が利用できなくなった場合における、バックアップからの回復手段や、回復するまでの代替業務運用をどの範囲で行うかなどを定義します。回復手段の仕組みをどこまで準備するかにより、RPO（Recovery Point Objective）と呼ばれる目標復旧時点や、RTO（Recovery Time Objective）と呼ばれる目標復旧時間に対する要求値は変わってきます。

　これらの説明は、以下のとおりです。

（1）目標復旧時点（RPO）

　　どの時点までのデータを担保するか

（2）目標復旧時間（RTO）

　　業務復旧までにかかる時間はどの程度まで許容するか

　RPOとRTOの時系列を表した図を、**図2.3.1-3**に示します。

図2.3.1-3 RPOとRTO

バックアップタイミング

正常稼働中　　障害発生　復旧中業務停止　業務復旧正常稼働中

RPO（業務復旧時点）
どの時点までのデータを担保するか

RTO（業務復旧時間）
業務復旧までにかかる時間はどの程度許容するか

　耐障害性や災害対策の要件は、いかに業務継続させるかを検討する項目でしたが、回復性の要件は、業務継続できなくなった場合における回復要求を検討する項目になります。

2

非機能要求項目 (その2)
―性能・拡張性

　性能とは、サービス提供の際に、システムが効率よくリソースが使えるかを示すもので、以下の2つにより要求実現を定義します。

(1) レスポンス

　サービスを受ける側が要求を出してから、サービスを受け取るまでの時間

(2) スループット

　単一時間当たりの処理量

　要求が不明確だと、CPUやメモリなどのリソースが足りず、業務処理が遅くまったく実用されないシステムになってしまったり、逆に必要以上のリソースを積んだ巨大サーバを用意し、リソース使用がほんの一部程度で、無駄な設備投資に繋がってしまうという事態になる可能性が高まります。

　また、このレスポンスやスループットは、通常時の他に、ピーク時の性能要件も併せて提示する必要があります。

　例えば、ネットショッピングサイトのサイトに雑誌やテレビCMなどの広告効果により、ある一定の時間、アクセスが集中したとします。このことによりシステムは、CPUやメモリ不足による性能低下が引き起こり、注文ページのレスポンスがなかなか返ってこないといった事象が起こってしまいました。

　このような事象が起きると、当然、普段からショッピングサイトを利用してもらっているリピータの顧客や新規の顧客には迷惑がかかり、不満が出ます。

　テレビCMや雑誌を行う目的は、新規顧客の囲い込みのはずですが、そもそも利用できないシステムのせいで、顧客に不満を持たせてしまっていては、既存のリピータの顧客からの信頼も落としてしまいかねません。さらに加えて、新規顧客の囲い込みにも失敗するといった本末転倒の逆効果に繋がってしまう事態にもなりかねません。

　このような事態に備え、利用ピーク時における性能要件も十分に検討する必要があります。

次に、拡張性について解説します。

拡張性とは、システムの稼働開始後においてシステムがリソース不足に陥ったときの対策のことであり、性能対策としては以下の2つによる要求実現方法があります。それぞれのイメージを**図2.3.2-1**に示します。

（1）スケールアップ

メモリ、CPUなどのリソースをより大きいものに入れ替えること

（2）スケールアウト

サーバ増強などにより、機器自体を増設することでリソースを増強すること

図2.3.2-1 スケールアップとスケールアウトのイメージ

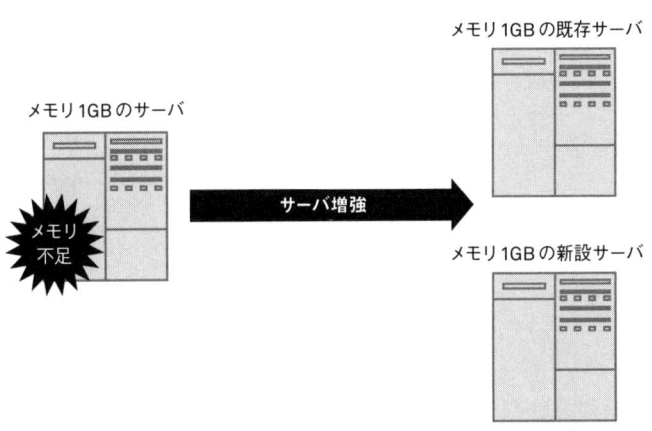

システムの稼働開始後は、システムの利用者増加に伴うリソース不足や、蓄積データ増加に伴うディスク容量不足が発生する可能性があります。

例えば、システムの稼働開始から3年後に利用者数が300人から500人に増加するとい

うことが要件定義を行う時点で予測され、計画ができていれば、拡張性のある機器を事前に選定することができ、稼働中にリソースが足りなくなりその場になって急遽導入計画を行うといった心配がなくなります。

　非機能要求グレードにおける性能拡張性要求の項目は、「① **業務処理量**」、「② **性能目標値**」、「③ **リソース拡張性**」、「④ **性能品質保証**」の4つの項目から構成しています。これらのうち、①〜③について、要件の概要を解説します。

1. 業務処理量

　業務処理量とは、実際の業務や運用処理で発生するデータ量や、オンライン、バッチの処理件数などのことです。業務処理量というと機能要求に思われがちですが、非機能要求として、この業務処理量や今後の増加予測値は、性能、拡張性をマシンスペックにどの程度用意すべきかを検討するうえで必要不可欠な要件となります。
　業務処理量を予測するためには、以下の情報などを予測し定義する必要があります。

(1) 同時接続ユーザ数

　ある一定のタイミングの時間帯にシステムに集中アクセスしてくる利用者数

(2) データ量

　マスターテーブル、トランザクションデータやログなどのデータ量

(3) オンラインリクエスト数

　単位時間当たりのオンラインリクエスト件数

(4) バッチ処理件数

　単位時間当たりのバッチ処理件数

2. 性能目標値

　性能目標値は、実際の業務や運用処理における性能の目標値です。性能目標値は業務処理量で求めた情報をもとに行う要件定義です。ある業務や運用の処理に対し見込まれる性能負荷をもとに、「バッチ処理は、どの程度の処理時間までなら許容するか」、「業務処理は、どの程度の応答時間までなら許容するか」といった要求が性能目標値となります。

　また、性能目標値は、各処理に応じてその値が異なります。

例えば、夜間に行われるバックアップバッチ処理であれば、朝の業務開始時間までにバッチ処理が完了していなければならないといった要件を満たす必要があります。一方、オンライン処理の中でも参照系か更新系かによって、処理内容に応じて求める応答時間の性能目標値が異なってきます。参照系はデータを取得するだけなので高速ですが、更新系はデータベースのレコード挿入や更新処理が入るので参照系に比べて処理速度は遅くなります。このため、処理内容に応じた目標値設定が必要になります。

　この性能目標値の定義を誤ると、処理能力が不足したシステムが稼働してしまい、十分なサービス提供が難しくなります。この結果、後になってリソースの追加等による追加コストが発生するというリスクを招きます。

3. リソース拡張性

　リソース拡張性は、システムの稼働開始後において、システムがリソース不足に陥ったときの対策要求です。リソース拡張性も、先で説明した性能目標値と同様に、業務処理量で求めた情報をもとに要件を定義します。例えば、「3年後にシステム利用者が急増するという計画を踏まえ、システムに対する負荷増加量を予測し、どの程度のリソース拡張が可能なシステムを構築するべきか」といった検討を行います。

　仮に、システム稼働開始の3年後には、システムへアクセスするユーザ数が、現在の2倍に膨れ上がると予測される場合、3年後を見据え、CPUやメモリのリソース容量を容易にスケールアップ、スケールアウトできるモデルを構築初期時点から選定するべきです。

　このリソース拡張性の予測を誤ると、後々リソース不足に陥ったときに、リソースを増強できず、システムの買い替え、再構築といった大掛かりな作業コストが発生するといったリスクを生みます。ただし、逆に必要以上にハイスペックなコストのシステムを構築してしまうと、ハードウェアの過剰投資に繋がってしまうので、リソース拡張性の要件を決定する際には、将来を見据えた予測値を、適切に調査し、要件を定義しておくことが求められます。

 トレンド

量子コンピュータ

「量子コンピュータが実用段階」とか、「量子コンピュータが未来を変える」といった記事が最近目を引くようになりました（2018年現在）。すでに幾つかのメーカーやスタートアップ企業により実用化しているものもあるようです。では、この「量子コンピュータ」とは、一体どういうものなのでしょう。

量子コンピュータと一言でいっても、実は全く異なる2種類の方式が存在します。

1つは「量子ゲート方式」と呼ばれ、従来のコンピュータのように汎用的に使用できる、デジタル方式のコンピュータです。デジタルですので、基本的にはデータを0と1で表現し、プログラミングに従ってデータを処理します。

従来と大きく異なるのは、従来のコンピュータでは、電子回路を用いて0か1のどちらかの値をとる「ビット」が基本単位でしたが、量子ゲート方式のコンピュータでは0と1の両方の状態が同時に存在する「重ね合わせ」という概念を利用した「量子ビット」を用います。これにより従来のコンピュータとは比較にならないほどの処理速度（並列演算）を実現することができます。

図1 従来のビットと量子ビット

| 従来のビット | 0 または 1 | ・1ビットには0か1のいずれかの値しか扱えない。 |
| | | ・4ビットであれば0000～1111の16個の値のいずれか。 |

ビット数 n に対して 2^n の組み合わせのうちの1つの値しか扱えない。➡ 1データ毎に逐次処理

| 量子ビット | 0 / 1 | 0と1の重ね合わせ | ・1量子ビットで0と1を同時に扱える。 |
| | | | ・4量子ビットであれば0000～1111の16個全ての値を同時に扱える。 |

量子ビット数 n に対して 2^n の組み合わせ全ての値を同時に扱える。➡ 全ての組み合わせを同時処理

同時処理数分の
速度アップが期待できる。

2量子ビットでは 2×2 倍の速さ
4量子ビットでは 2×2×2×2 倍の速さ
〜
20量子ビットでは百万倍の速さ
40量子ビットでは1兆倍!

もう1つの方式は「イジングマシン」と呼ばれる方式で、イジングモデルというアナログの方式に従って解を求めるというものです。こちらも従来のコンピュータとは比較にならない速度で解を求めることができますが、できることは「組み合わせ最適化問題」だけです。

詳しい説明は省きますが、「巡回セールスマン問題」といった大量の組み合わせからの最適解を求めるような計算を、1パターンずつ計算して行くのではなく、量子回路を用いてシミュレーションを行うことで解を求めるというものです。量子回路の仕組みについては幾つかの方式が考案されていますが、代表的なものには、D-Waveというスタートアップ企業がすでにに実用化している「量子アニーリング」という方式があります。

すでに実用化が始まっているとはいえ、イジングマシンは従来のコンピュータとは全く異なるものであり利用範囲も限定的です。一方、量子ゲート方式はまだ実験段階ですが、実用段階に入ると現在とは比べものにならない量のデータが扱えるようになり、インフラやプログラミングの世界は大きく変わってくることでしょう。

図2 量子コンピュータの分類

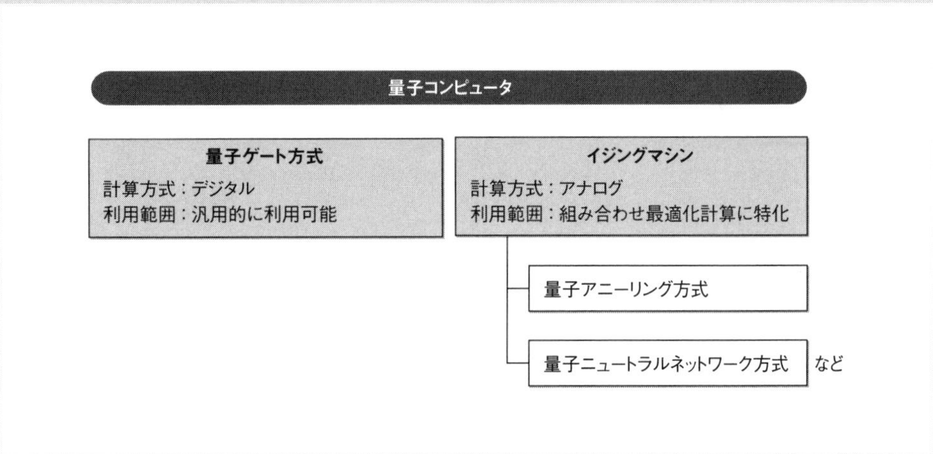

量子コンピュータ

量子ゲート方式	イジングマシン
計算方式：デジタル	計算方式：アナログ
利用範囲：汎用的に利用可能	利用範囲：組み合わせ最適化計算に特化

量子アニーリング方式

量子ニュートラルネットワーク方式　など

3

非機能要求項目 (その3)

―運用・保守性

　運用・保守性では、システムの稼働開始後の安定稼働を目的としたシステム運用と保守のサービスに関する要求を定義します。

　運用と保守の違いは、以下になります。

(1) 運用

　システムの稼働開始後、安定的にシステムを稼働させることです。

　監視やバックアップなど、定型的なオペレーション作業を着実にこなす必要があります。

(2) 保守

　システムに変更を加える作業です。バグの改修やデータベースのチューニング、そして機器の交換 (リプレース) 等も保守作業となります。

　これら運用・保守の要件定義は、システムの稼働開始後のことだからと検討を後回しにしてしまいがちですが、後回しにしてしまうと、例えば以下の失敗例のようなことが発生してしまいます。

失敗例

　夜間の業務バッチ処理時間が想定以上に長い時間を要するため、夜間バックアップを毎日行うことができないことが判明し、バックアップは毎日取得ではなく、月に一度のみの運用になってしまった。このため、万が一のシステム障害発生時に、目標復旧時点 (RPO) は24時間以内ではなく1ヶ月以内となってしまい、その際のデータ損害分の影響リスクの拡大は許容せざるを得なくなってしまった。

　このような事態になってからでは遅いので、運用保守性についても、要件定義の段階からきちんと定義しておく必要があります。

　また、運用・保守性の要件定義では、自動化対応要件についても定義する必要があります。例えば、日々のバックアップ作業など、定期的に同じ作業を繰り返し実施するような作

業は、作業漏れや、担当者の人的ミス発生防止、運用コストカットなど、自動化を行うメリットが非常に大きくなります。反面、自動化には、その仕組み作りに費やす初期コストが発生するので、どの作業をどの範囲で自動化させるかを要件定義します。

　非機能要求グレードにおける運用・保守性要求の項目は、運用パターンに対する要求に該当する「① **通常運用**」、「② **保守運用**」、「③ **障害時運用**」という項目と、システム運用をどのような環境、体制、方針で行うべきかを検討する「④ **運用環境**」、「⑤ **サポート体制**」、「⑥ **その他の運用管理方針**」という計6つの中項目から構成しています。

　本書では、このうちの運用パターンに該当する、障害が何も発生していない際に行う通常運用、障害が発生している際に行う障害時運用、定期パッチ適用などの保守作業を行う際の保守運用について、概要を以下で解説します。

1. 通常運用

　利用者へのサービス提供を問題なく提供できるように行う、通常時の運用に対する要件を定義します。

（1） 通常運用時間
　通常運用時間は、通常時におけるシステムの利用可能時間のことです。この通常運用時間は、利用者目線として必要な業務時間と、システム運用部目線として必要な業務外時間の2つの視点から要件を導き出す必要があります。こちらの詳細は6.1章で詳しく解説します。

（2） 監視運用
　監視運用は、障害発生を早期発見する目的で行います。それは、障害発生によるサービス停止時間をなるべく抑えるためであり、まずは障害が発生していること自体に、いち早く気付く必要があるためです。また、監視しておくことにより障害を未然に防ぐこともあり得ますので、監視運用は重要なタスクになります。この監視運用は、どの範囲をどのレベルまで監視するかを要件定義しておきます。この定義情報をもとに、導入する監視用ソフトウェアや監視用機器の選定、運用サービスレベルが決定されていきます。

（3） バックアップ運用
　障害発生やデータ紛失などが起こってしまった場合でも、このバックアップさえ定期的

に取得しておけば、その時点までのデータは担保されます。ただし、バックアップ先も同時破損してしまっては元も子もないので、バックアップをどこに取得し、保管しておくかの検討も非常に重要です。また、バックアップの取得周期や世代数なども、ディスク容量や性能リソースに影響があるため、この要件定義の段階からきちんと定義しておく必要があります。

バックアップからのデータ復旧イメージを、**図2.3.3-1**に示します。

図2.3.3-1 バックアップからデータ復旧するイメージ

① Aファイルを誤って削除

②前日取得したバックアップからAファイルを復旧
データ復旧

利用者が
アクセスするディスク

Aファイル
バックアップ専用ディスク

2. 保守運用

保守運用は、システムに変更を加える作業になります。

また、計画的に定期的なシステムメンテナンス日が事前に定められており、その日のうちに保守作業を行わなければならない場合などにおいては、短時間にミスなく保守作業ができるように、保守作業の自動化を検討します。保守作業の自動化も運用作業の自動化と同様に、人の手を介さないため人的ミスの予防につながりますが、仕組み作りのコストがかかります。

代表的な保守作業としては、システムの品質確保のために定期的に行うOSのパッチ適用やハードウェアのファームウェアアップデート作業があります。以下のような適用方針も要件定義として検討します。

(1) パッチ適用方針

全パッチをあてるか、ハイセキュリティパッチのみあてるか、そもそもパッチをあてないかなどのパッチの適用方針を決定します。

(2) パッチ適用タイミング

最新パッチをリアルタイムで即時適用するか、定期保守時にまとめて適用するか、障害発生時のみ適用するかなどのパッチの適用タイミングを決定します。

3. 障害時運用

　障害発生が起因となり、利用者へのサービス提供に何かしら支障が出ている際に行う運用が障害時運用です。

　業務を停止させないように機器を冗長構成にするという想定範囲内の障害対策は、可用性対策で防げる場合が多いかもしれません。しかし、冗長化されたシステムの2重障害や3重障害など想定外の障害発生時に至っては、状況が異なってきます。いざ障害が起こってしまってから、バタバタと対策を考えていては、迅速な業務復旧や障害時における運用方針を定める速度が変わってしまい、その時間が長ければ長いほど、システムを提供する企業の信頼、損害、業務への影響は大きくなります。

　障害が起こった場合、通常運用からどのような運用に切り替えるかについて、事前に要件として定義しておくことが重要です。

　非機能要求グレードでは、例えば以下のような要件定義を行います。

（1）復旧作業

　業務停止を伴う障害が発生した際の復旧方法や、業務復旧ができなくなった場合の代替業務運用の範囲を定義します。

　復旧方法には、自作ツールや手作業により行う方法から、バックアップ製品を利用した方法など様々です。また、復旧作業のオペレーションを自動化させる場合は、どの業務までを自動化の範囲とするかも、開発コストや復旧目標に影響するので要件定義を行う必要があります。

（2）システム異常検知時の対応

　障害が発生した際における復旧作業の対応可能時間や、保守員の駆けつけ到着時間などを定義します。24時間いつでも運用・保守対応できる体制にしておくことが早期復旧には必要になりますが、その運用体制維持のためのコストはその分必要になります。

　費用対効果の観点からどのレベルの運用体制にしておくかの要件を定義する必要があります。

 トレンド

インフラの管理手法の変化

システムのインフラが多様化し、その構築場所もオンプレミスありクラウドありとなった環境では、その管理手法も自ずと変化してきます。

もともとはオンプレミスで構築された従来型のシステムは、現在では次に列挙したような様々な形態を取っていると想像できます。

- ・マルチプラットフォームのサーバ群が乱立し、収拾がつかなくなってきている。
- ・乱立したサーバ群を、サーバ統合により何台かの物理サーバ上に仮想化ソフトを導入し、仮想サーバ群に移行して集約している。
- ・ビジネスの競争優位を生まないコモディティ化したシステムは、クラウドのサービスに移行している。
- ・逆に、スピード重視（開発着手もビジネス撤退も）の新規サービスも、クラウド上で構築するケースが多くなってきている。

このように、オンプレミスとクラウドの双方、つまりハイブリッドクラウドと呼ばれる環境を管理するという新たなチャレンジが運用部門には求められています。

ハイブリッドクラウド管理上の主なポイントは、以下のとおりです。

- ・複数環境の運用監視や障害対応がスムーズに実施可能か。
- ・複数環境での運用を自動化できるか。
- ・複数環境での統一的なユーザ管理と、SSO（Single Sign On）など透過的なシステムアクセスが実現可能か。

もし、現在オンプレミスで利用している運用ツールがクラウド対応機能を追加しているのであれば、それを第一に検討することになります。残念ながらその予定がないということになれば、別のオプションを考えなければなりません。例えば、代表的なある OSS（Open Source Software）製品では、各種サーバの構成管理機能に加えてアプリケーションパッケージやファイルのデプロイ機能、そして稼働するサーバを取り巻く各種機器を制御することができるタスク実行機能等を備えているものもあります。

運用部門は、運用にかかるコストを最適化しつつ、自社の運用方針の優先度に従って管理機能を取捨選択することが求められます。ハイブリッドクラウド環境の構築に詳しいクラウドインテグレータにアドバイスを受けることも考えてみてください。

非機能要求項目（その4）
―移行性

　移行性では、現行システムから新システムへのデータ移行に関する要求を定義します。対象となる現行システムは無く新規でシステムを開発する場合は、定義不要になります。

　移行性では、主に次のことを検討します。

・新システムに必要となるデータ項目は何か

・そのうち、既存システムから移行が必要となる項目は何か

・上記の項目は、今どこに保持されていて、どのようなタイミングでデータ移行していくべきか

　また、移行性については、本番データを取り扱うため、ユーザ側からの要求により決定する要求項目が多く、インフラエンジニアが主体となりシステム設計を行う範囲が限られています。したがって、第3章以降の設計記載範囲からは移行性の項目を外しているため、以下、簡略化した解説とします。

　非機能要求グレードにおける移行性の項目は、「**① 移行時期**」、「**② 移行方式**」、「**③ 移行対象**」、「**④ 移行計画**」の計4つの中項目から構成しています。これらのうち、①～③について、要件の概要を解説します。

1. 移行時期

　旧システムから新システムへの切り替え期間はどのくらい必要か、システム移行時には既存システムの停止作業が必要になるか、旧システムと新システムの並行稼働時期はあるかなどを検討します。システム停止可能日や停止時間帯が連続して確保できない場合もあり、注意が必要です。

2. 移行方式

　システムの移行には、1回でまとめて移行する一斉移行のやり方と、段階的に複数回に

分けて移行する段階移行の2種類のやり方があります。

　また、段階移行には、以下2通りの移行方式があります。

（1）拠点展開方式

　システム移行を複数拠点に別タイミングで展開する場合の方式です。

　拠点数に応じてステップ数を定義します。このイメージを**図2.3.4-1**に示します。

（2）業務展開方式

　システム移行を複数業務に分けて別タイミングで展開する場合の方式です。

　分割する業務数に応じてステップ数を定義します。

　ステップ数が多いとそれだけ新旧両システムの共存期間は長くなり、並行稼働を考慮すると一斉展開より多段階展開の方が難易度は高くなるため、注意が必要です。

図2.3.4-1 拠点展開方式のイメージ

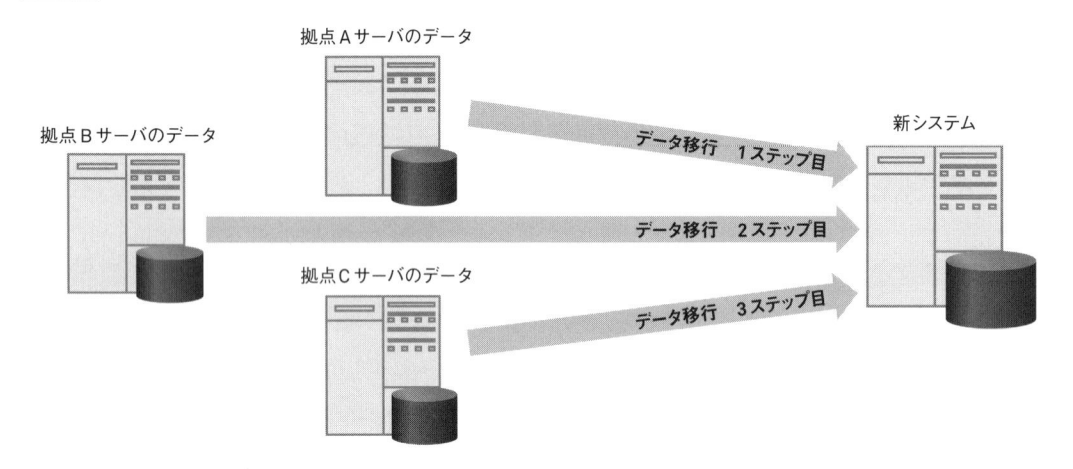

3. 移行対象

　システム移行対象となる機器やデータを定義します。旧システムから移行する必要のある業務データの種類、データ量や、データベース移行時に変換が必要となるデータ量などを定義します。

　例えば単純に全ハードウェアのリプレースであれば、全データが移行対象になります。一方、既存の業務システムのうち、指定の業務範囲のみを新システムに移行するといった場合は、部分的な範囲でのデータ移行が考えられます。

非機能要求項目 (その5)
―セキュリティ

　セキュリティは、システムの安全性確保のための要件定義になります。セキュリティによる脅威には、DOS攻撃などによる、システムの性能低下やシステム停止などの脅威や、ウイルス感染、なりすましなどによる、情報漏えい、情報の改ざんなどの脅威があり、これらは、重要なシステムであるほど、社会的信頼の低下や経済面の損失リスクが高まります。したがって、このセキュリティ対策の要件は、それらの脅威を事前に防止する目的で、しっかり定義しておく必要があります。

　ただし、セキュリティ対策を行うと一般的にシステム性能に影響を与えます。例えば送受信データの暗号化を行う場合、各データに対し暗号化情報を付け加えてデータのやり取りを行う必要があり、送受信データ量は肥大化してしまいます。よって、システムリソースを決定する際には、業務の性能要件を満たしたうえで、セキュリティ対策における性能影響分を加味したシステム構成にする必要があります。

　非機能要求グレードにおけるセキュリティの項目は、「① **前提条件・制約事項**」、「② **セキュリティ分析**」、「③ **セキュリティ診断**」、「④ **セキュリティリスク管理**」、「⑤ **アクセス・利用制限**」、「⑥ **データの秘匿**」、「⑦ **不正追跡・監視**」、「⑧ **ネットワーク対策**」、「⑨ **マルウェア対策**」、「⑩ **Web対策**」、「⑪ **セキュリティインシデント対応／復旧**」の計11個の中項目から構成されています。

　セキュリティの脅威やその対策の種類は非常に多いため、本項では、これらの中で特に一般的なセキュリティ対策要件の概要について、解説します。

1. アクセス制限

　アクセス制限では、システムへログインアクセスする利用者や端末機器等をID、パスワードなどにより特定し、システムに対する操作制限をかけます。

　アクセス制限の認証機能には、ID/パスワードによる認証以外にも、ICカード等を用い

た認証や、顔認識、指紋認証などによるアクセス認証もあります。

アクセス制限による認証機能により、システムの利用を許可されていないユーザからの不正アクセスを制御できます。

また、認証機能により、システムへログインした利用者は、システム管理者が許可した操作のみを行うことができるようになります。

例えば、人事部のＡさんは、人事部データベースの情報のみ参照可能ですが、書き込み権限は付与されていないため更新はできません。これに対してシステム部のＢさんは、人事部データベースの情報を更新可能な権限を持っているため、データの書き換えが可能です。また、不正利用者は、システムに認証でログインできないため、人事部データベースの参照も更新もできません。

アクセス制限のイメージを、**図2.3.5-1** に示します。

図2.3.5-1 アクセス制限のイメージ

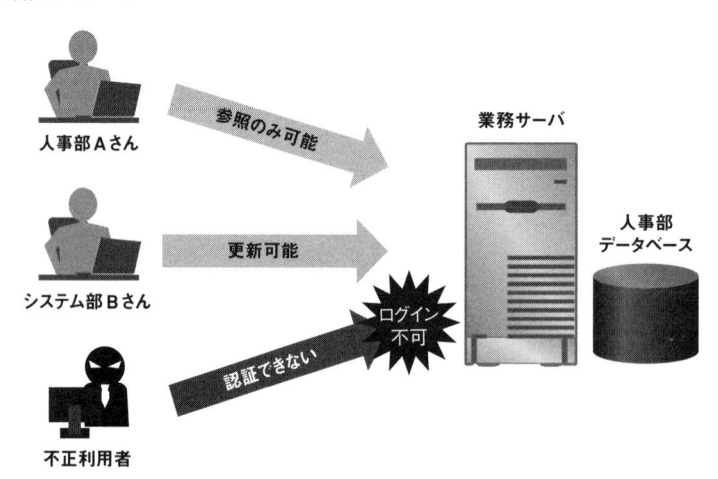

2. データ暗号化

データ暗号化は、機密性のあるデータの秘匿のために、データ伝送時や蓄積時にデータ自体を暗号化することです。このデータ暗号化における要件定義では、どの対象データをどのタイミングで、どういった手段で暗号化するかを定義します。

データが暗号化されていれば、仮に悪意のある不正利用者にデータを不正に入手されて

しまっても、データの中身を解読することができないため安心です。暗号化イメージを、**図2.3.5-2**に示します。

図2.3.5-2 データ暗号化のイメージ

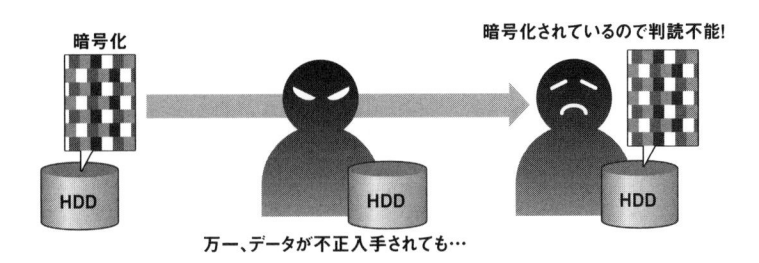

3. マルウェア対策

マルウェアとは、**図2.3.5-3**に示すような他のプログラムに感染するコンピュータウイルス、ネットワークを介して自己増殖するワームウイルス、正規ソフトを装った単体で動作するトロイの木馬といった悪意のあるソフトウェアのことです。

図2.3.5-3 マルウェアのイメージ

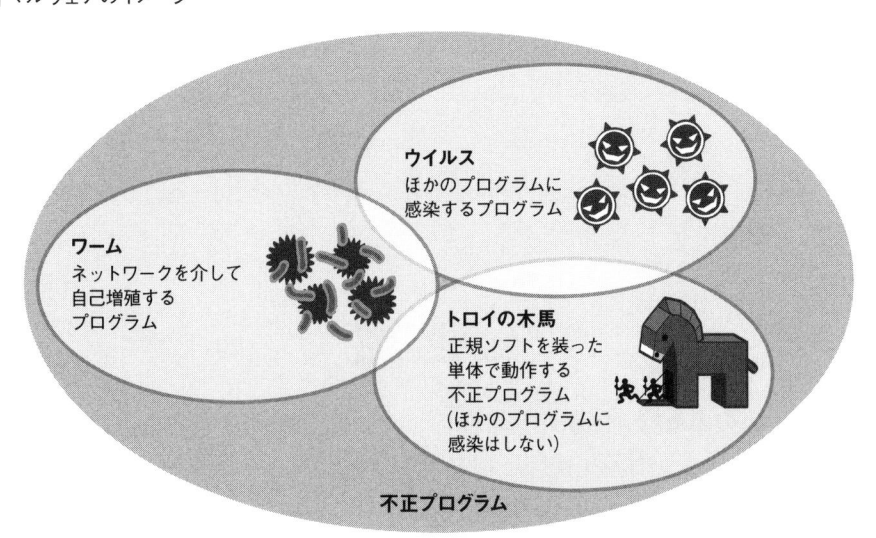

これらの感染脅威は、大事な業務データの紛失や、情報漏えいといった企業に悪影響を与えるものばかりであり、事前に感染予防することが必要です。

マルウェア対策とは、マルウェアの感染予防のことであり、一般的に、サーバにインストールするウイルス対策ソフトウェア（以下、ウイルス対策ソフト）にて行います。

ウイルス対策ソフトは、ウイルス検索エンジンにより、サーバのハードディスク上の検索対象ファイルに対してスキャンを行い、ウイルスが感染していないかを定期的にチェックします。

チェックの際、検索エンジンは、常に最新化されたウイルス定義ファイルにもとづいて、スキャンを行います。このスキャンタイミングには、以下の2種類があり、どのタイミングで行うかを定義します。

（1）リアルタイムスキャン

新たにファイルが生成されたタイミングなどに、リアルタイムでスキャンします。どのタイミングでスキャンを実施するかについては、ウイルス対策ソフトの設定を含めて検討が必要です。リアルタイムにスキャンするため、すぐにセキュリティ異常を発見できるといった面では優れていますが、新たにファイル生成する度にスキャンがかかるので、システムの性能面に与える影響が大きくなります。

（2）定期フルスキャン

定期的に全ファイルのフルスキャンを実施します。時間もかかり処理分のシステムリソースも消費するため、夜間や土日などの業務時間外に実施されるケースが一般的です。リアルタイムスキャンの場合は、性能面における業務影響が大きいため、業務時間外にまとめてスキャンするといった場合には定期フルスキャンを選択します。

一般的には、セキュリティによる脅威を考慮し、リアルタイムスキャンと定期フルスキャンを併せて利用するケースが多くなっています。

4. 不正監視

セキュリティ上の脅威は、何も外部からのアクセスのみが該当するわけではありません。悪意のある開発者が不正操作を行い、情報漏えいするケースも存在します。そのような脅威を防止するためにも不正監視は必要です。不正監視では、操作ログの取得有無、ログの保管期間、監視範囲、監視間隔などを定義します。

操作ログの監視運用のイメージを、**図2.3.5-4**に示します。

図2.3.5-4 悪意のある開発者が不正操作するイメージ

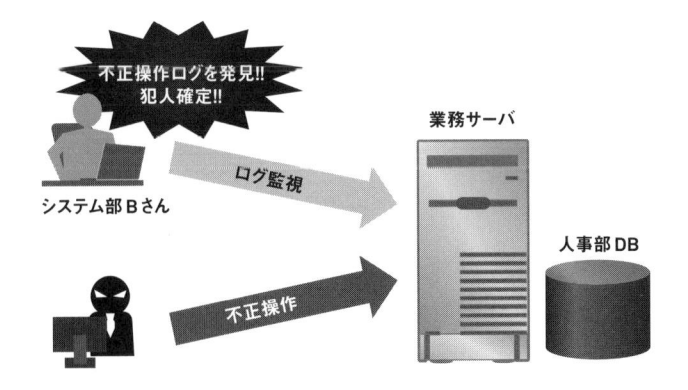

5. ネットワーク対策

　不正な通信を遮断するための目的で、ファイアウォール導入等により通信制御を実施するかを定義します。システムに不必要なIPアドレス、プロトコルからの通信をすべて遮断することで、悪意ある外部からの通信を阻害することができます。

　以上が、セキュリティの要件定義の解説になります。

　セキュリティの要件定義においては、セキュリティ対策の実施有無を定義するだけではなく、セキュリティ対策を実施しない場合におけるリスクについても合意しておく必要があります。

非機能要求項目（その6）
―システム環境・エコロジー

システム環境・エコロジーは、システム環境とエコロジーに関する要件定義になります。

システム環境としては、システム構築時、運用時における制約事項や前提条件、機材の設置環境条件などといったシステム設置前に確認するべき、前提条件の要件定義を行います。エコロジーとしては、CO_2排出量の目標値や、騒音値などといった環境マネージメントの要件定義を行います。

また、システム環境・エコロジーについては、データセンター特性などがメインで、ユーザ側からの要求により決定する要求項目が多く、インフラエンジニアが主体となりシステム設計する範囲が限られています。よって、第4章以降の設計記載範囲からシステム環境・エコロジーの項目を外しているため、以下、簡略化した説明とします。

非機能要求グレードにおけるシステム環境エコロジーの項目は、「① **システム制約／前提条件**」、「② **システム特性**」、「③ **適合規格**」、「④ **機材設置環境条件**」、「⑤ **環境マネージメント**」の計5個の中項目から構成しています。システム環境エコロジーの項目は非常に細かい項目が多いため、今回はその中でも一般によく知られている代表的なシステム環境エコロジー要件の概要を、以下にて解説します。

1. システム制約／前提条件

ユーザ企業によっては、システム構築時や、運用時における制約事項や前提条件があらかじめ定義、ルール化されていることがあります。システム構築時における設計標準というものがそれに該当します。

システム制約や前提事項は、会社が取り決めたルールなので、後から容易に変更することはできません。必ず満たさなければならない最低条件のようなものです。

ルールに沿っていない要件定義や設計は、開発の手戻りなどによるトラブル原因に繋がりやすいため、システム制約、前提条件の要件定義はしっかり漏れなく要件定義の段階から事前に確認しておく必要があります。

2. 機材設置環境条件

　構築するシステムの設置場所を決めるためにも、この機材設置環境条件の要件定義は早急に定義しておく必要があります。システムは電子機械であるため、強い衝撃や熱暴走などによる故障が発生しやすいといった特徴を持っています。そのため、空調完備や、被災に備えた耐震、免震などの対策が必要となります。また、データセンターにも耐荷重制限がありますので、ラック内に収まるハードウェア機器のシステム重量や設置スペースの定義も必要になります。

3. 環境マネージメント

　昨今、地球に優しい環境づくりをテーマに日本政府は世界全体の二酸化炭素ガスの排出量を現状に比べて2050年までに半減させようという低炭素社会づくりに向けた活動を推進しています。そのため、ITにおいての社会貢献としても、社会や企業における環境負荷を低減するグリーンITは企業イメージアップに繋がり注目されており、非機能要求グレードでも、エネルギー消費効率、CO2排出量、および低騒音といった環境マネージメントの要件定義を行う項目が設けられています。更に、エコロジーには、企業のCSR（Corporate social responsibility）と呼ばれる社会的責任を体現する視点もあり、企業が社会的信頼を得る上での重要な要件項目になります。

　解説が長くなりましたが、ここまでの内容が、非機能要求グレードが定義する非機能要求項目の内容です。

　しっかり要件定義を行い、プロジェクトを成功に導くためには、これだけ多くの要求項目を、漏れなく、定性的に、ユーザと合意形成を結ぶ必要があるということがイメージできたのではないでしょうか。このため、非機能要求グレードのような標準的なツールは、要件定義漏れの防止などにも、非常に役に立つものとなります。

要件の実現へ
―システム構成決定へのアプローチ

　この節では、要件を満たすシステム構成を決定させるためのアプローチ手順を紹介します。開発ベンダはプロジェクトの目的に沿った適切なシステム構成を、以下のような手順でデザインします。本来は機能要件も含めてシステム構成を決定させる必要がありますが、インフラエンジニアにわかりやすいように非機能に沿った記載内容としています。

1. 要件の実現手段を抽出、決定

　1つ1つの要件に対して、システムとしてどのように実現させるかの手段を可能な限り抽出します。色々な視点からの実現手段をできる限り抽出することで、品質やコストの面からユーザに見合った最適な構成を選択することが可能となります。

　このイメージを**図2.4-1**に示します。図では、打ち合わせの中でいろいろな意見を出し合って、要件の実現手段を抽出、検討しています。

図2.4-1 非機能の可用性要件の実現手段を検討するイメージ

可用性の要件定義内容を満たすためには、サーバを二重化させる必要がありますよ。

たしかにサーバ二重化の方法もありますね。しかし、運用でカバーできる部分もありますし、コストと品質の面でいろいろな実現手段をできる限り抽出してみましょう。

2. 必要機能の導出

　上記により洗い出された実現手段を、最適なシステム構成へ落とし込むための第一歩目として行うべき手順が、この「必要機能の導出」となります。ここでは、どういったサーバが必要になるかという視点ではなく、どういった機能が必要かという視点で物事を考えます。

　このイメージを**図2.4-2**に示します。図では、検討会議の場でいろいろな意見を出し合うことで必要機能の導出に結びつけています。

図2.4-2 非機能要件の実現手段として必要となる機能導出イメージ

3. 配置設計

　配置設計では、上記により検討した必要機能を、どのノードに配置させるかを設計します。選定するサーバ構成やリソース配分から、どういったシステム構成とするのが最も最適かを検討します。この配置設計によりシステム構成の骨格ができ上がります。このイメージを**図2.4-3**に示します。

図2.4-3 配置設計のイメージ

業務サーバ　　　業務サーバ (冗長化)　　　監視、ウイルス対策サーバ　　　バックアップサーバ

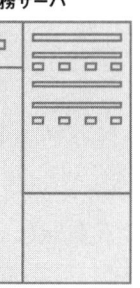

4. 製品の選定

　製品の選定では、前段のステップにより検討したシステム構成上で動作する機能コンポーネントを、具体的にどの製品を利用して実現するかを検討します。要件を満たせることはもちろんですが、コスト面や、導入実績の有無についても採用ポイントとなります。このイメージを**図2.4-4**に示します。図では、検討会議の場でいろいろな意見を出し合うことで製品の選定を行っています。

図2.4-4 製品の選定のイメージ

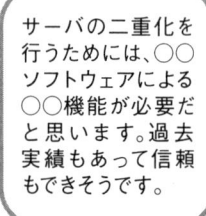

5. システム構成確認

　製品の選定まで決定すればシステム構成は完成となります。最後にこのシステム構成がすべての要件を満たせているか、そもそもの経営戦略の目的を満たせているかなどの視点で、システム構成と要件の整合性を最終確認します。

・なぜこのシステム構成が最善、最適なシステム構成なのか

・リスク要因や対策の検討ができているか

・未決定個所の決定時期は課題管理できているか

などの視点で、十分説明できるレベルにあるかを確認しておきます。

　整合性の確認手段としては、要件定義書やRFPとの整合性チェックを行う方法が一般的です。このイメージを**図2.4-5**に示します。

図2.4-5 システム構成と要件定義書、RFPの整合性を確認するイメージ

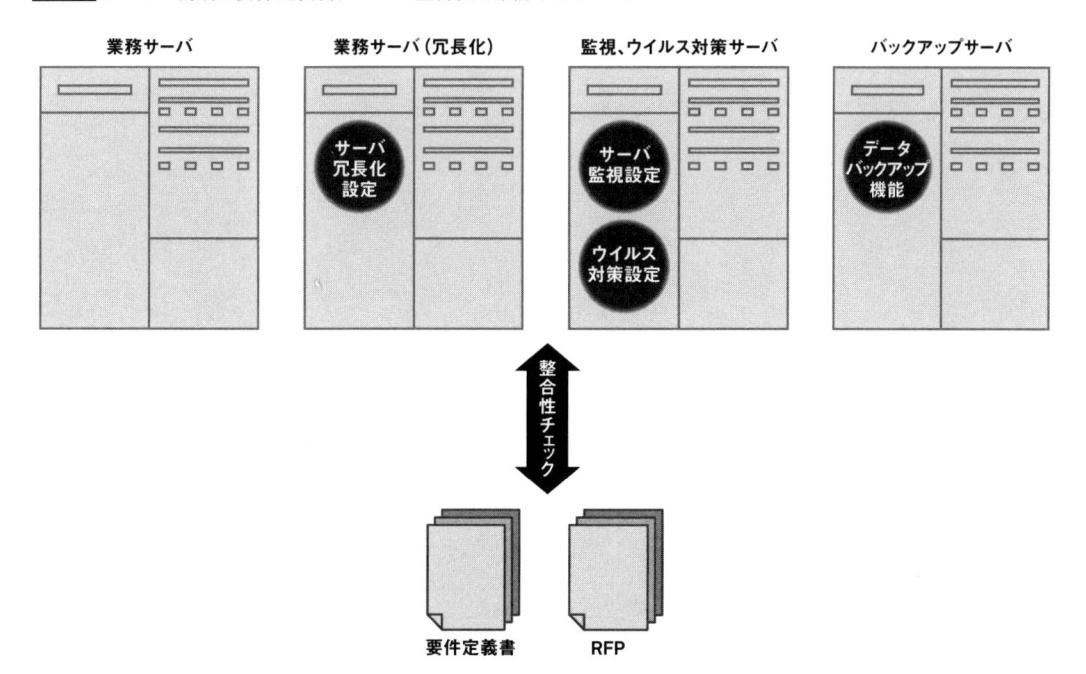

3

要件定義から設計へ

第1章でインフラ構築の流れ、第2章で非機能要求に対する要件定義について解説してきました。システムの要件を実現するために検討すべきことについて、理解いただけたのではないでしょうか。

　では、非機能要求で定義したシステムを実現するためには、次にどのようなことを行う必要があるのでしょうか。
　要件定義の段階では、要求したシステムを実現できているわけではありません。要件定義が完了したら、その要件を実現するためにどのような構成にすれば要件を満たすことができるのか、具体的にその方法や方式を検討していくことになります。これが、設計という作業になります。

　第3章では、設計とは何なのか、要件定義から設計へどのように連携していくのかを、Webシステムを設計する例を踏まえながら解説していきます。

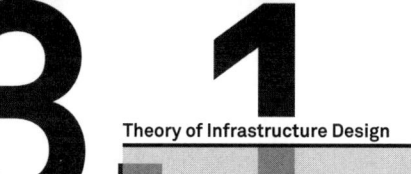

そもそも「設計」とは？

Theory of Infrastructure Design

　これまで、インフラ構築の流れ、そして主に非機能要求に対する要件定義について説明してきました。

　いよいよ次章からは設計について解説しますが、その前にこの節では、要件定義の次工程となる設計工程について、そもそも設計とは何かといった基本的な位置付けを解説します。

　設計は、既に1.4節でも説明しましたが、要件定義工程においてインフラ基盤開発で実現したいシステムの要件が定義され、仕様が決まった後、その仕様を実現するための設計（デザイン）という作業を行う工程です。
　要件が決まった段階では、システムとして実装するための分類や整理が十分なされていない場合もあり得ます。そのため、要件定義工程では、検討してきた項目をシステム化するために、よりシステム寄りに具体化する作業が必要であり、この実現可能な方式に落とし込む作業が設計（デザイン）となります。

設計の目的は、各開発者達（設計者も含む）が、実現しようとしているシステムのあり方を正しく理解し、後工程においても共通の指針や認識を持つことによって、方向性を見誤らずに、本来、実現させたいシステムを目指すために必要な作業を行えるようにすることとなります。

　実現させたいシステムを目指すために必要となる設計の共通指針は、**図3.1-1**のとおりです。

図3.1-1 実現させたいシステムを目指すために必要な共通指針

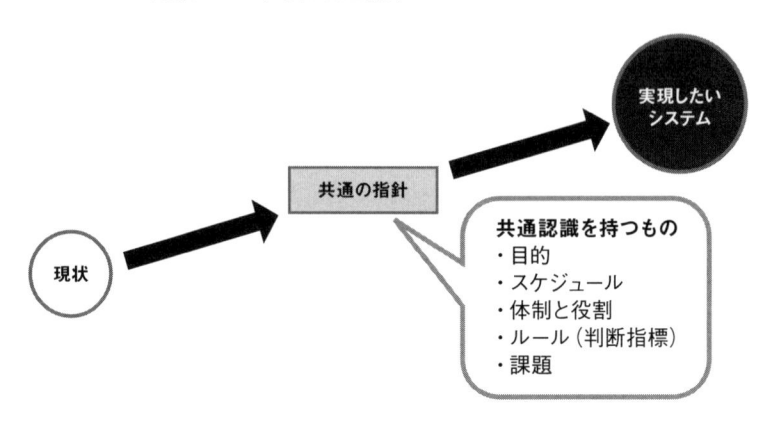

3.2

Theory of Infrastructure Design

基本設計と詳細設計の位置付けと記載内容

　ここでは、基本設計と詳細設計の位置付けについて説明します。開発フェーズの中において、基本設計と詳細設計は、開発計画フェーズの要件定義後からテスト工程の間で行われます。

　基本設計は、開発計画で定義される要件定義書をもとに検討を行い、設計されるものであり、後工程で行われる詳細設計の中継ぎ的な位置付けとなります。要件定義（ユーザがやりたいことを仕様にまとめる）を参考にして、どのようなシステムを実現しようとしているのかということを全体的に意識し、システム概要や基本的なことを考え、基本概念を論理的に定義していくことになります。要件定義をインプットとし、論理的に具体化したものが基本設計となります。基本設計の位置付けを**図3.2-1**に示します。

図3.2-1 基本設計の位置付け

基本設計の段階で検討すべき論理的な定義の概念が漏れていたり、検討すべき内容の方向性が異なっていると、後工程である詳細設計でも影響を受け、手戻りによる開発期間の遅延を発生させる原因となります。そのため、基本設計では、要件定義にて要求されている方針や方式を決め、詳細設計の段階で設計ができるレベルまで落とし込んでおくことが重要です。

　詳細設計は、基本設計で決めた情報をもとに、システムに実装するために必要な情報を詳細化します。インフラ基盤系であれば、サーバに関わるOSやミドルウェアなどの動作仕様の考え方や実装を行う際のパラメータ定義（OSやミドルウェアに関わる各種設定値）、プログラムの仕様などのシステムを構築する担当が滞りなく作業ができるレベルまで具体的に落とし込んでいきます。基本設計（基本設計書）をもとにさらに詳細に設計を定義したものが、詳細設計（仕様書）となります。基本設計と詳細設計の関係を**図3.2-2**に示します。

図3.2-2 基本設計と詳細設計の関係

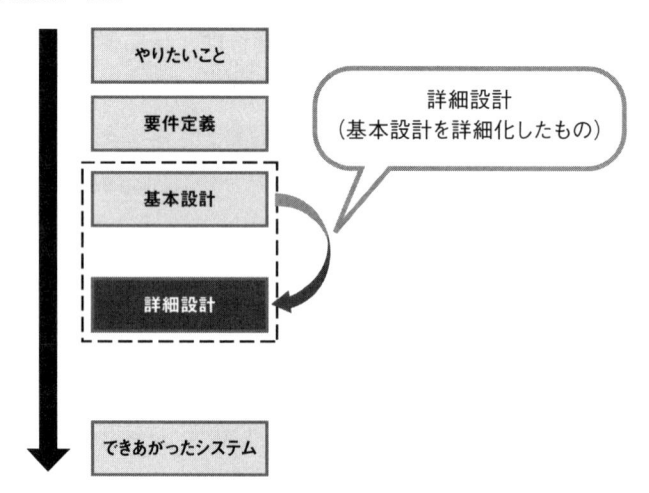

本書で使用する設計モデルシステム
―3階層システムとは

本書で使用する設計モデルである3階層システムを説明する前に、最も単純な2階層システムから解説します。

1. 2階層システム

最も単純にWebを閲覧するシステムは、クライアント端末（Webブラウザ）とWebサーバ（HTMLファイルのコンテンツのみ配置）で構成されるもので、2階層システム（クライアント／サーバシステム）といいます。しかし、HTMLファイルのみで作成された静的コンテンツは、Webサイトとして画面に表示する機能しかないため、「検索機能」や「認証機能」などといった複雑な機能を実装することは困難です。

2階層システムの特徴を簡潔にまとめると、以下のようになります。

(1) アプリケーションのプログラムがクライアント上で動くため、使い勝手のよいアプリケーションを作れるが、クライアント側に処理が依存してしまう。

(2) 頻繁にプログラムの更新が入ると、その都度、クライアント上に配布し直さなければならないため、対象クライアントが多い場合は運用に手間がかかる。

(3) 頻繁にプログラムの更新が入ると、各クライアントのディスク容量を圧迫する。

2階層システムの特徴を**図3.3-1**に示します。

図3.3-1 2階層システム（クライアント／サーバシステム）の特徴

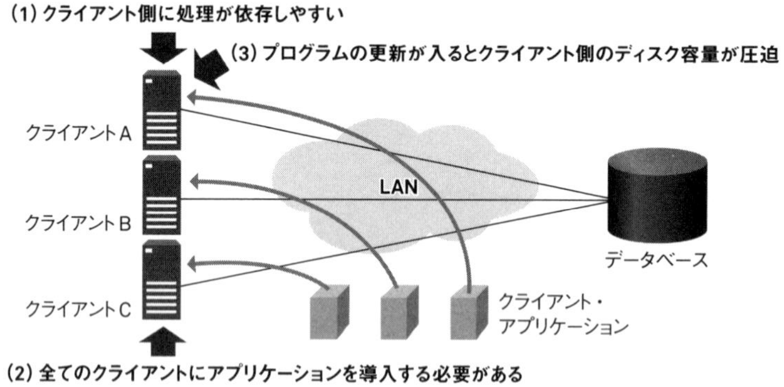

(1) クライアント側に処理が依存しやすい

(3) プログラムの更新が入るとクライアント側のディスク容量が圧迫

クライアントA

クライアントB

クライアントC

LAN

データベース

クライアント・アプリケーション

(2) 全てのクライアントにアプリケーションを導入する必要がある

2. 3階層システム

　前述した（1）〜（3）の3つの課題を解決するため、近年のWebシステムにおいて、3階層システムと呼ばれる方式が採用されるようになりました。3階層システムでは、WebサーバにはHTMLなどの静的コンテンツを配置し、AP（アプリケーション）サーバにはプログラムを配置し、DB（データベース）サーバには照合するデータなどを格納するというように、それぞれのサーバに役割を持たせます。サーバ側を論理的に3つの機能階層に分けることで、認証機能や検索機能、ファイル連携をするための外部システムとのデータ転送など、様々な機能を実装することが可能となっています。

　3階層システムのイメージを**図3.3-2**に示します。

図3.3-2 3階層システムと外部システムの連携イメージ

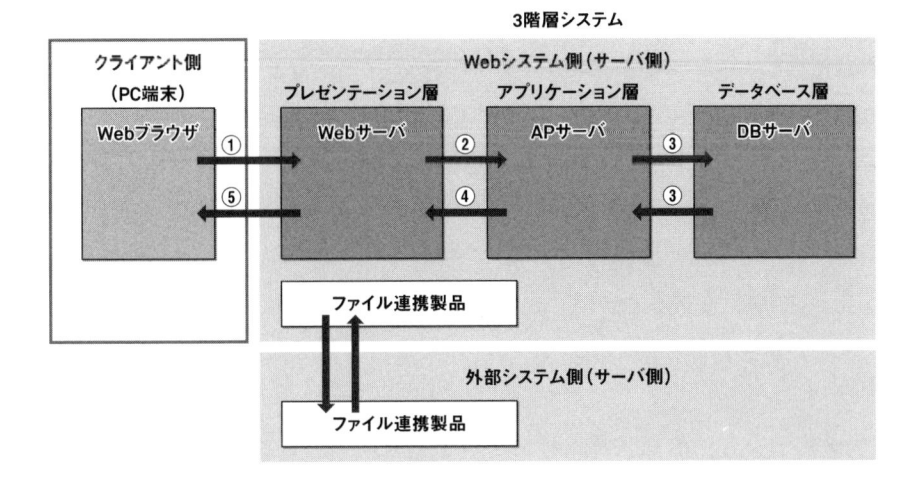

3階層システムの処理概要を簡潔にまとめると、以下のような動きとなります。

① クライアントは、WebブラウザからWebサーバにリクエストする。

② Webサーバは、受け取ったリクエストをAPサーバに渡し、プログラムを起動する。

③ APサーバで起動したプログラムは、Webサーバからリクエストされた要求を処理し、DBサーバからデータを取得する。

④ APサーバでは、DBサーバから返されたデータをWebサーバへ返す。

⑤ Webサーバは、APサーバから受け取った結果をクライアントのWebブラウザに返す。

なお、外部システムとのファイル連携については、後続の図3.3-3以降で説明します。

3. 3階層システムのしくみ

3階層システムを実現するにあたって、どのような役割とどのようなしくみで動作しているか、プレゼンテーション層、アプリケーション層、データベース層の観点に注目し、より具体的に見ていきます。

(1) プレゼンテーション層 (図3.3-2　項番①と⑤の処理)

Webサーバは、HTMLファイルというテキストデータなどリアルタイムに変化する必要がない静的コンテンツの画面を、Webブラウザに表示させる役割を担います。Webサーバ内においては、Webサーバソフトウェアを利用して、httpdというプロセスがサーバの

メモリ上で動作し、HTTPサービスをクライアントに返します。

(2) アプリケーション層 (図3.3-2　項番②と③、④の処理)

APサーバは、Webサーバからのリクエストを受け、静的コンテンツでは表現しきれない複雑な内容をアプリケーションサーバと言われるJavaプロセスを使用して作成し、DBサーバへ問合せを行い、要求したデータを取り出し、それをクライアントに返します。

(3) データベース層 (図3.3-2　項番③の処理)

DBサーバ上は、データの格納庫であり、大量のデータを管理しています。DBサーバは、アプリケーション層に配置されたAPサーバからのリクエストを受け取り、APサーバからのSQLリクエストを実行し、結果をAPサーバへ返します。

Webシステム上から外部システムとのデータをやりとりする際には、ファイル連携処理を行う必要があるシステムもあります。外部システムとのファイル連携製品を利用した非同期通信利用例を、**図3.3-3**に示します。

この図は、クライアント側のWebブラウザから帳票のデータをWeb画面上に参照させる例です。3階層システム側にファイル連携製品 (メッセージキューイング製品、あるいは、ファイル転送プロトコルなど) を用いることによって、非同期通信によるデータ転送機能を実現し、外部システムの帳票データをWebシステム側と連携させていくことを実現しています。このように外部システムとのデータのやりとりを行う場合は、ファイル連携が発生することもあるため、どのように実現していくのがよいか検討していくことになります。

図3.3-3 3階層システムとファイル連携製品を利用した非同期通信利用例

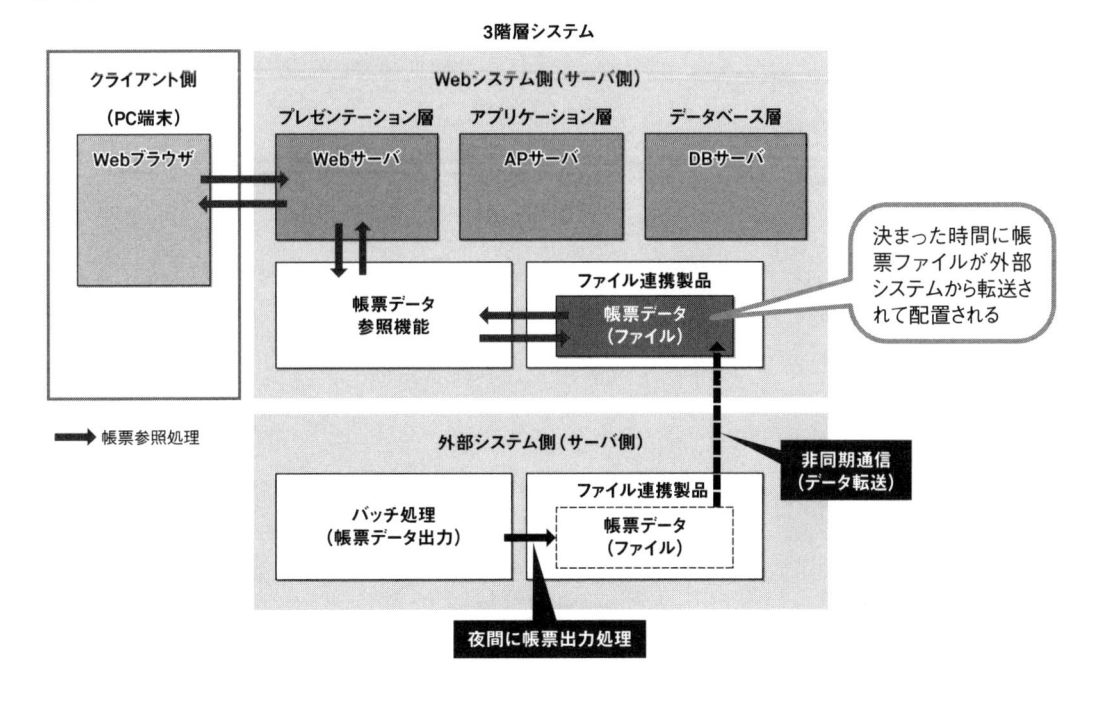

4. 3階層システムの非機能要件

　ここからは、3階層システムを稼働させていく場合に、非機能要件としてどのようなことを考えていけばよいか見ていきましょう。

　3階層システムの構成を検討する際は、本番環境に存在する各サーバやミドルウェアなどの障害時のことも検討する必要があります。障害時に利用者がどこまで3階層システムの停止を許容できるかを見極める必要があります。その要件に合わせて3階層システムに接続するための通信経路やサーバ構成を決め、耐障害性の要件を満たせるよう、Webシステムとしてサービスの停止時間をどこまで短くできるかを考えることが耐障害性の位置付けです。

　具体的な可用性、および耐障害性設計に関する内容については、第4章で説明します。

　また3階層システムでシステムを構築したものの、利用者がWeb画面メニューから呼び出す結果を表示する際、表示処理に大幅に時間がかかってしまうことがあるかもしれませ

ん。そしてさらに悪いことに構築から年月が経ち利用者が増え、処理にさらに時間がかかり、業務終了時間までに処理が終了しなくなるといったことが起こるかもしれません。

そういった場合の将来を見据えて、業務に影響がでないように柔軟にリソース拡張を行えるしくみを考えることが、性能・拡張性設計の位置付けとなります。

具体的な性能・拡張性設計に関する内容については、第5章で説明します。

3階層システム稼働後は、運用部門でシステム運用をしていくことになります。この運用部門でシステム運用する際にどのように運用していけばよいか考えることが、運用・保守設計の位置付けとなります。具体的な運用・保守設計に関する内容については、第6章で説明します。

3階層システムを運用していくと年月の経過と共に「情報漏えい」、「データの改ざんおよび破壊」、「業務サービス停止」などが発生するリスクが高まり、企業や組織の存続を脅かす危険性があります。そういった不正侵入による情報漏洩、Webページの改ざん、第三者からの攻撃、なりすまし、脆弱性の発覚、ウィルス感染による被害などに対してどのように安全性を確保していくかを考えるのが、セキュリティ設計の位置付けです。具体的なセキュリティ設計に関する内容については、第7章で説明します。

第4章

可用性設計のセオリー

第2章で説明したとおり、可用性（Availability）は、「利用者から見てシステムが使用可能である度合」を示します。どれくらいの時間システム停止することが許容されるかについては、対象となるシステムが持つ重要度によって考え方が異なってきます。

　インフラ設計者としては、システムの重要度に応じた要件レベルを満たすために、様々な選択肢から適切な方法を選び、組み合わせる知識が重要となります。

　本章では、可用性の中でも特に基本となる耐障害性（Fault Tolerance）設計に焦点をあてて説明していきます。

可用性設計
─SPOFと冗長化

　この世に故障が発生しない機械は存在しません。

　近年、ハードウェアの信頼性は非常に高くなっていると思われますが、それでも1つの製品に用いられている個々の部品（単一部品）の故障発生率を0%にすることはできません。

　そのため、インフラ設計では故障（障害）が発生することを前提とし、ある部分で単一の障害が発生したとしても、システム全体には影響を及ぼさないシステム構成・仕組みを考えることが重要になります。これを耐障害性設計と呼びます。

　耐障害性設計を考えるうえで欠かせないのが**単一障害点**（**SPOF**：Single Point of Failure）の存在で、これはシステムのある一部分が故障することでシステムそのものが利用できない状態になってしまう箇所が存在することを指します。SPOFの例を、**図4.1-1**に示します。

図4.1-1 SPOFの例

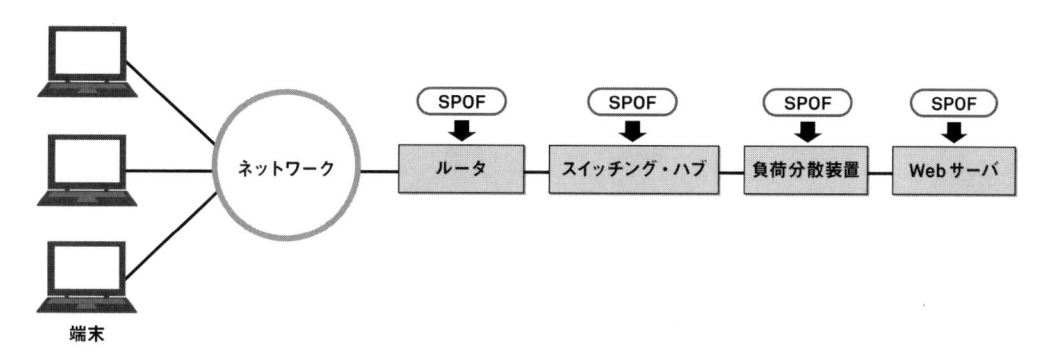

　図4.1-1に記載のシステム構成では、端末からWebサーバにアクセスする際に通信データが通過する機器のうち、どれか1つでも故障してしまうと、たちどころにWebシステムとして使用不能な状態となってしまいます。

SPOFによるシステム使用不能のイメージを、**図4.1-2** に示します。ここでは、スイッチング・ハブに故障が発生したとしましょう。

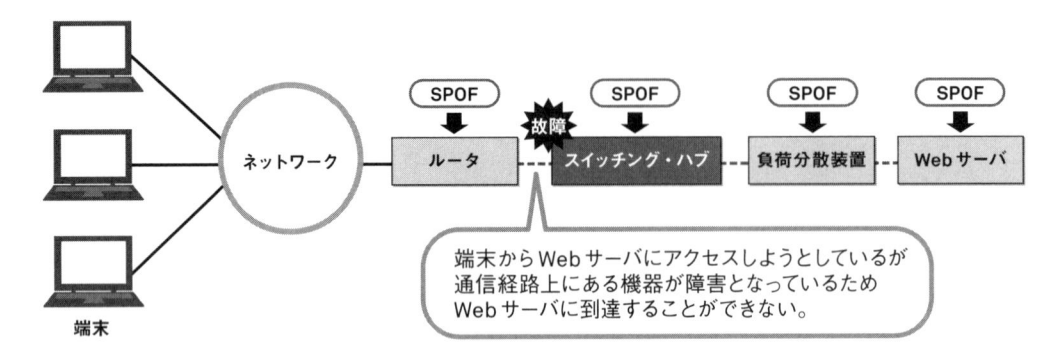

図4.1-2 SPOFによるシステム使用不能のイメージ

SPOFで障害が発生した場合、障害を取り除いてシステムを復旧させるまでの間、そのシステムは使用できない状態が続きます。システムが使用できない時間が長ければ長いほど、そのシステムの可用性は低いということになります。このような事態を避けるため、耐障害性設計では「**SPOFを排除する**」ことが考え方の基本原則となります。

次に、どうすればSPOFを排除することができるかですが、これはシステムを構成する要素を多重化し、文字通りシングルポイントではない状態にすることで実現できます。これを冗長化と呼びます。冗長化されたシステムの例を、**図4.1-3** に示します。

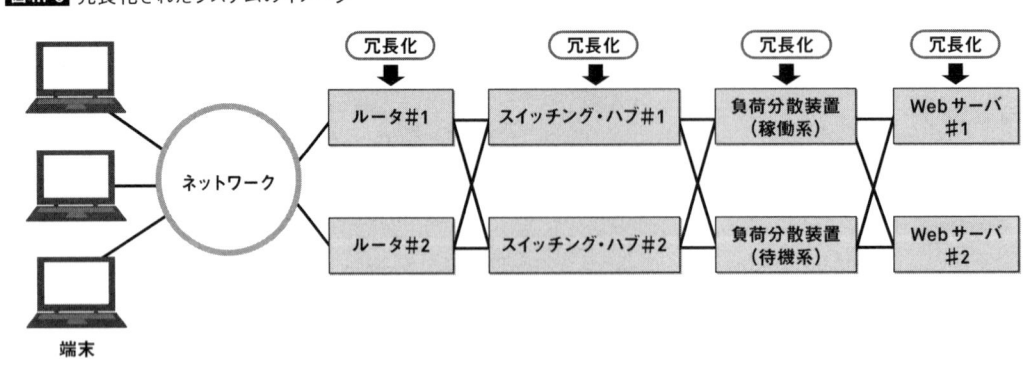

図4.1-3 冗長化されたシステムのイメージ

図4.1-3の例では、サーバ機器および各ネットワーク機器をそれぞれ冗長化（二重化）し

ています。この場合、いずれかの機器が障害になった場合でも、障害経路を迂回してWebサーバまでのアクセスが可能となるため、障害によってシステムが利用できなくなる時間を短くすることができます。

現在使用されているネットワーク機器の場合は、いずれも高速で処理が行われるので、単なる機器の障害であれば、それこそ一瞬のレベルで迂回経路へと切り替わります。**図4.1-4**が、迂回した場合の通信の例になります。

図4.1-4 冗長化による障害箇所迂回の例

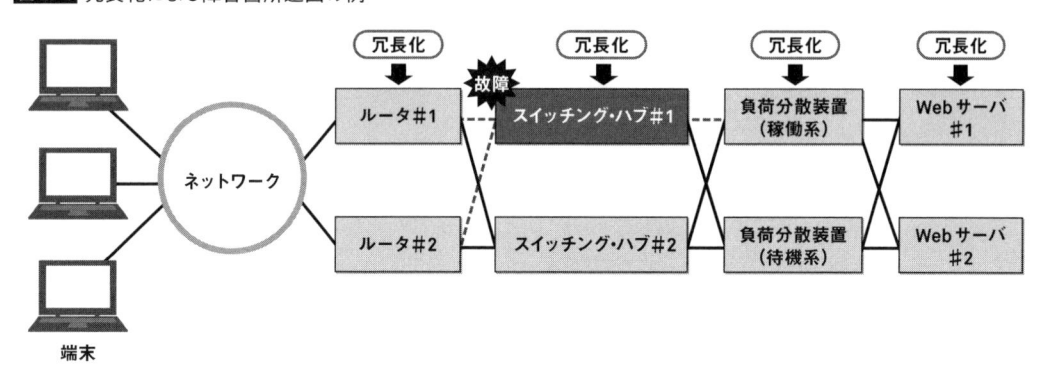

このように、ある部分において障害が発生したとしても、影響なくシステムが使用できるように設計すれば、システムが使用できない時間を短くする（＝可用性を高める）ことができます。

次に、システムの冗長化について、どのような箇所でどのような冗長化が行えるか、それがどのように効果があるのかを、いくつか例を挙げて説明します。

4.2

冗長化の例（1）
―サーバ内ハードウェアの冗長化

サーバ内部は、以下のような部品の組合せで構成されています。

・マザーボード

・CPU

・メモリ

・ディスク装置

・電源ユニット

・各種増設ボート（ネットワーク、インタフェースボード等）

　サーバによって千差万別ではありますが、上位グレードの機種ではこれらの部品を冗長化して、単一の部品が故障してもシステムが稼働し続けられるように、耐障害性を強化することが可能になっています。

ハードウェアの冗長化（その1）
─電源ユニットの冗長化

　サーバ内の電源ユニットを冗長化すれば、複数のコンセントから電源供給を行うことができます。これにより、サーバ内の電源ユニットや電源ケーブルに障害を起こしても、電源停止とならずに稼働し続けることが可能となります。

　この構成をとる場合、単に電源ユニットを冗長化するだけでなく、電源供給元となる分電盤を別系統に分けることを推奨します。電源ユニットおよび電源系統の冗長化例を、**図 4.2.1-1** に示します。

図4.2.1-1 電源ユニットおよび電源系統の冗長化例

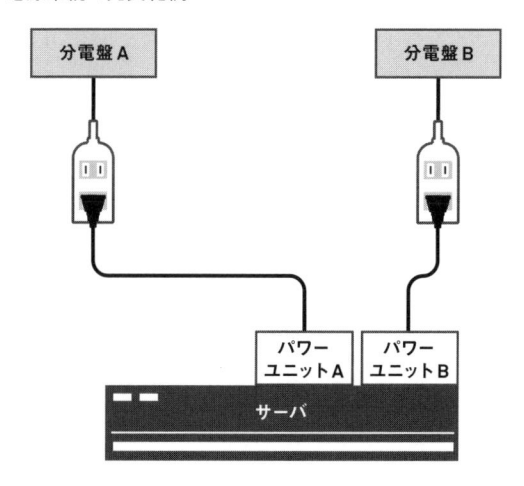

　分電盤を別系統化することで、一部の分電盤が故障してもサーバ停止とならなくなり、さらに、分電盤の保守作業などをサーバ無停止で行えるようになります。つまり、電源設備レベルでの可用性を高めることが可能となるわけです。

　逆に、単一の分電盤からしか電源が供給されていない場合は、いくら複数箇所から電源を取っていたとしても、分電盤が故障すると供給元から切断されることになってしまいます。この場合、サーバ側で冗長化を行っていたとしても、その効果は活きないままサーバは停止してしまいます。電源部分がSPOFとなる接続構成の例を、**図4.2.1-2** に示します。

図4.2.1-2 電源部分がSPOFとなる接続構成の例

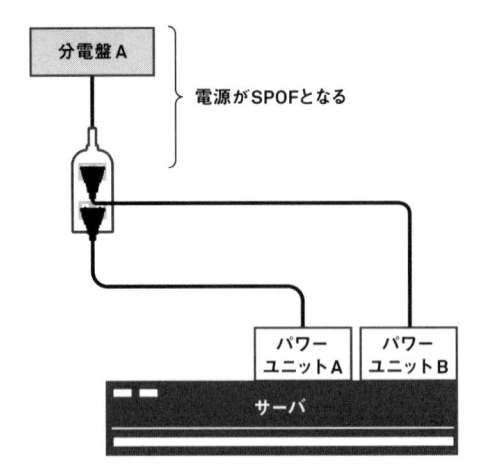

ただし、電源設備の増設については、サーバを設置する施設レベルでの大規模工事が必要になりますので、電源ユニットの冗長化がどこまで効果的なのか、どこまでを要件とするのかを踏まえ、システムを設置する施設の設備担当者にヒアリングしたうえで検討するとよいでしょう。

ハードウェアの冗長化 (その2)
―ネットワークアダプタの冗長化

　ネットワークアダプタ (Network Interface Card：以下NIC) の冗長化とは、複数のネットワークポートを束ねて、1つの論理的なポートとして動作させる技術のことで、一般的にチーミングと呼ばれています。電源ユニットの冗長化は、ハードウェアのレベルで実現するものですが、NICの冗長化は、OSやデバイスドライバのレベルで実現することになります。

　冗長化の方法は、次の3種類に分類されます。

1. フォールトトレランス

2. ロードバランシング

3. リンクアグリゲーション

以下、これら冗長化の方式について、もう少し詳しく見ていきます。

1. フォールトトレランス

　通常時は片方のNICがアクティブ、もう片方のNICがスタンバイになっており、アクティブ側のNICで障害が発生したときにスタンバイ側へと切り替わる方式です。フォールトトレランスの構成例を、**図4.2.2-1** に示します。

図4.2.2-1 フォールトトレランスによる冗長化の例

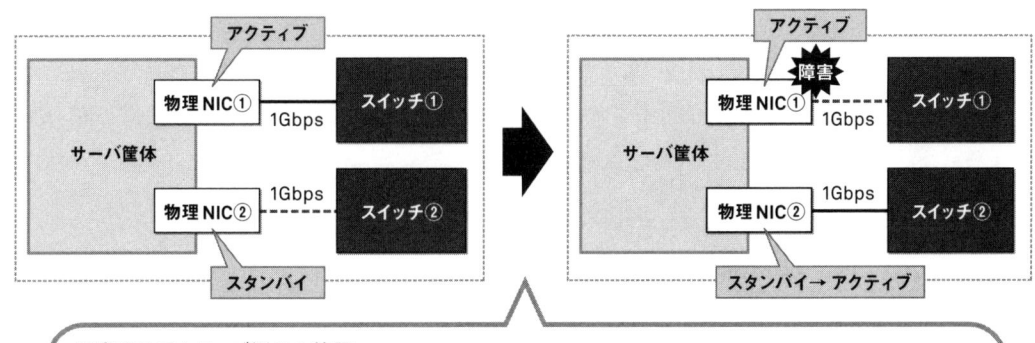

接続先のネットワーク機器も冗長化することで、単一のネットワーク機器やケーブルに障害が発生した場合でも、速やかにスタンバイ側の迂回経路を使用して通信処理を続行することができます。

2. ロードバランシング

ロードバランシングでは、物理NICを冗長化するだけでなく、同時に複数の物理NICを使用することで負荷分散を行います。ロードバランシングの構成例を、**図4.2.2-2**に示します。

図4.2.2-2 ロードバランシングによる冗長化の例

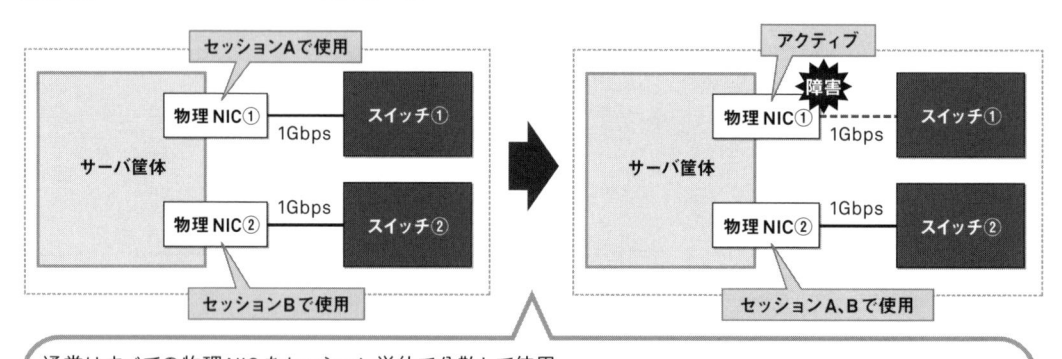

通常はすべての物理NICをセッション単位で分散して使用
フォールトトレランス同様に一部のコンポーネントで障害が発生した場合、残りのNICに縮退して通信処理を継続する

1つの通信のセッション[*1]は1つの物理NICで処理されますが、セッションごとに使用する物理NICを分散させることによって、トータルのスループットが向上します。どちらかの物理NICが故障した場合、残りの物理NICを使用して通信処理を続行します。

フォールトトレランスが可用性向上を実現するものであるのに対し、ロードバランシングでは、可用性に加え、性能も向上させることができます。ただし、その分設計や構成がフォールトトレランスと比較してやや複雑となります。

---

*1 **セッション**：機器間のデータ送受信において、接続が確立されてから破棄されるまでの、通信データのやり取りが可能な状態を指す。

3. リンクアグリゲーション

通常時からすべてのNICがアクティブ状態となっており、論理的な通信帯域の増加・負荷分散を行う形態を指します。リンクアグリゲーションの構成例は、**図4.2.2-3**のとおりです。

図4.2.2-3 リンクアグリゲーションによる冗長化の例

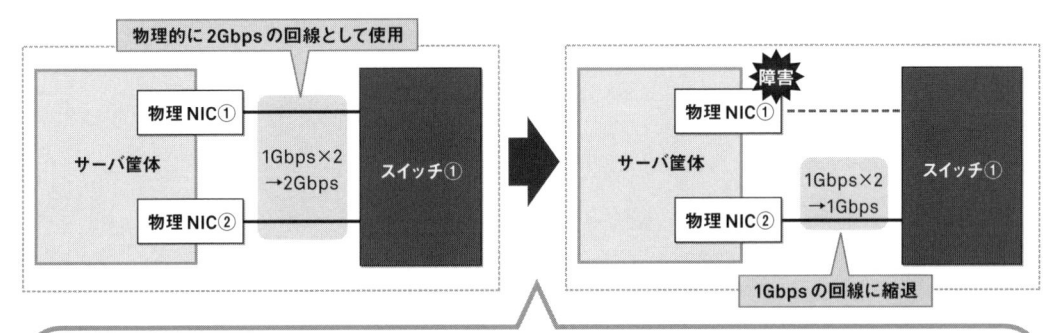

論理的にネットワーク帯域を拡張することができるという特性から、リンクアグリゲーションについても、可用性と性能を向上させることができます。また、論理的に1つのネットワーク構成となるため、割り振るIPアドレスが1つで済みます。これは、IPアドレス資源の節約につながります。

Column

 関連テーマ

「NICの冗長化」用語あれこれ

NICの冗長化を表す一般的な呼称はチーミングですが、以下のようにOSやNICの製造メーカーによっていろいろな呼称があります。

詳細な機能はそれぞれで異なる部分もありますが、同系統の機能を表す言葉として覚えておくとよいでしょう。

チーミング（teaming）	Intel系のチップを搭載したNICで主に使用される
ボンディング（bonding）	Broadcom系のチップを搭載したNICやLinuxで主に使用される
NIB（Network Interface Backup）、イーサチャネル（Ether Channel）	IBMの商用unixOSであるAIXで使用される

ただし、リングアグリケーションについては、基本的にチーミング対象のポートはすべて同一の物理スイッチ上に接続しなければなりませんので、スイッチがSPOFになることを考慮する必要があります。

　なお、一部の製品には**スタック**という技術により、複数のスイッチ機器を仮想的に1台のスイッチとして動作させ、スイッチがSPOFにならない形でのリンクアグリゲーションが実現可能なものもあります。スタックによるリンクアグリゲーション構成を、**図4.2.2-4**に示します。

図4.2.2-4 スタックによるスイッチまたぎのリンクアグリゲーション

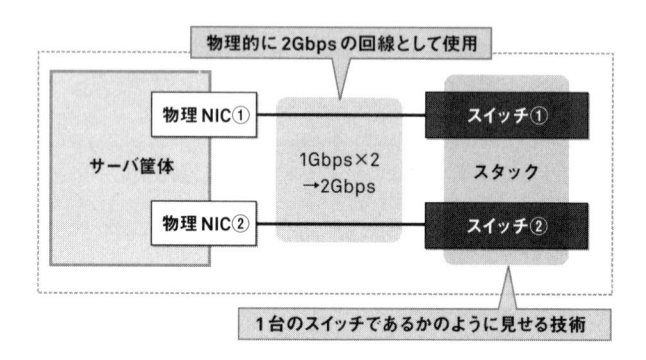

　使用するスイッチが、スタック技術に対応しているかどうかは、各利用製品の仕様を確認してください。

　では、上記3つのどの方式を選択するのが最適でしょうか。性能向上等を考慮すれば、フォールトトレランスよりも、ロードバランシングやリンクアグリゲーションの方が優秀です。ただし、その分設計が複雑になりますので、単純に設計コストを考慮すればフォールトトレランスが一番シンプルです。システムの冗長化設計において、どのような構成が適切であるかを検討する際、性能の良さだけでなく接続先であるネットワーク機器やその構成によって、「できる・できない」の制約が発生することを考慮する必要があります。

　また、例えば使用するデバイスドライバによっては、「ネットワーク機器側でスパニングツリー（Spanning Tree Protocol）の設定を行う必要がある」といった場合も生じ、サーバ構築担当者だけで完結できないことも少なくありません。このため、使用するNICのマニュアルをよく読んだうえで、ネットワーク担当者としっかり認識合わせをしながら、実現性のあるものを選択していく必要があります。

3

ハードウェアの冗長化（その3）
―ハードディスクドライブの冗長化

　ハードディスクドライブ（HDD）は、ディスクの回転、磁気ヘッドの移動などの機械的動作を伴う駆動部品を持っているため、コンピュータの部品の中では比較的故障率の高い部品の1つとみなされています。また、HDDには、大容量のデータが保存されているため、いったん故障すると、その影響は非常に大きくなります。

　近年のトレンドとして仮想化環境上にシステムを構築することも多くなり、外部のストレージ装置を利用するケースも多くなっていますので、ここでは大きく「**1. サーバ内蔵ディスクでの冗長化**」と「**2. 外部ストレージ装置を利用した冗長化**」の2パターンに分けて説明します。

1. サーバ内蔵ディスクでの冗長化

　サーバに内蔵しているHDDは、主にRAID（Redundant Arrays of Inexpensive Disks）という方法を用い、複数のHDDを束ね、1つの論理的なHDDであるかのように見せる（動作させる）ことで冗長化します。RAIDは、ハードウェア機能で実現するハードウェアRAIDと、ソフトウェア機能で実現するソフトウェアRAIDに分類されます。

（1）ハードウェアRAID
　ハードウェアRAIDは、RAIDコントローラと呼ばれる装置によってディスクの制御・管理を行うもので、ディスク制御の大半はRAIDコントローラによって行われるため、サーバのCPU負荷は少なくて済みます。

　RAIDコントローラカードは安価な製品が多く、サーバ本体のマザーボードにRAIDコントローラが内蔵されているものも多く存在するので、比較的低コストで実現することができます。ハードウェアRAIDの例を、**図4.2.3-1**に示します。

ハードウエア RAID

コンピュータ　　　　　　　　　コンピュータ

OS　　　　　　　　　　　　OS

RAIDコントローラー

ハードディスク

RAIDコントローラー

ディスク・アレイ装置

ハードウェア RAID には、コンピュータに装着する RAID コントローラーカードを使用する方式と、RAID専用の外部ディスク装置を使用する方式があります。

(2) ソフトウェア RAID

多くの商用サーバOSでは、ハードウェアRAIDを搭載した場合と同等の機能を有しており、特別なハードウェアを使用しなくてもディスクの大容量化や冗長化を行うことができます。

ただし、ソフトウェア RAID を採用した場合、処理のすべてを OS 上で行うため、ハードウェア RAID と比較してサーバの CPU 負荷が高まります。ソフトウェア RAID の例を、**図 4.2.3-2** に示します。OS 機能の一部として、RAID 機能が実装されています。

図4.2.3-2 ソフトウェアRAID

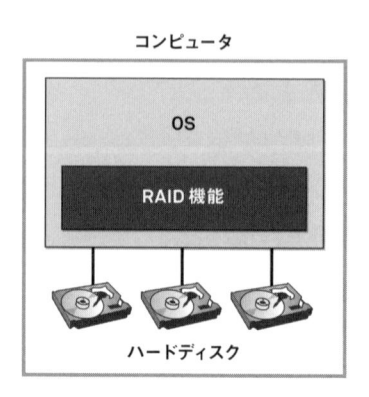

コンピュータ

OS

RAID 機能

ハードディスク

次に、RAIDによる論理HDDの構成パターンである**RAIDレベル**について、一般的によく採用されている以下のパターンを説明します。RAIDには0〜6までのレベルがありますが、RAID0および2〜4については近年のシステム構成において採用されることはほとんどないため、本書では解説しません。

- ・**RAID1**　ミラーリング
- ・**RAID1+0**　ミラーリング＋ストライピング
- ・**RAID5**　パリティ分散記録
- ・**RAID6**　複数パリティ分散記録

　RAID1は、最もシンプルな冗長化手段であり、物理的なHDD 2台で全く同じ内容のデータを持つことで、片方のHDDが障害となった場合でも残りのディスクを用いてシステムを継続稼働させることができます。

　RAID1は、必要なデータ量に対して単純に2倍の数のHDDを用意する必要があるため、短所として高コストになることがあげられます。RAID1イメージを、**図4.2.3-3**に示します。

図4.2.3-3 RAID1

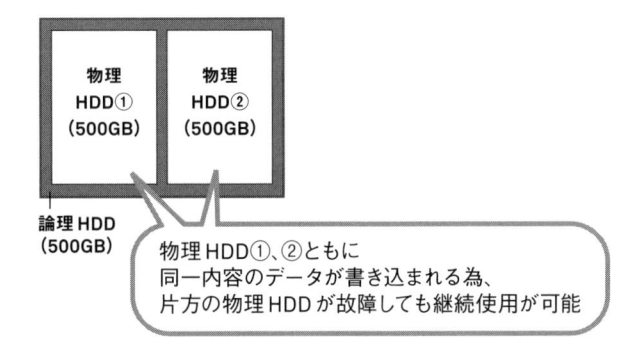

物理HDD①、②ともに
同一内容のデータが書き込まれる為、
片方の物理HDDが故障しても継続使用が可能

　RAID1+0は、RAID1のミラーリングにRAID0のストライピングを加えたものになります。

　ストライピングとは、複数のHDDを1つの大きなHDDとして見せることを指し、ディスクの大容量化と複数物理HDDの同時使用による読み書きの高速化が行えます。RAID1+0のイメージを、**図4.2.3-4**に示します。

図4.2.3-4 RAID1+0

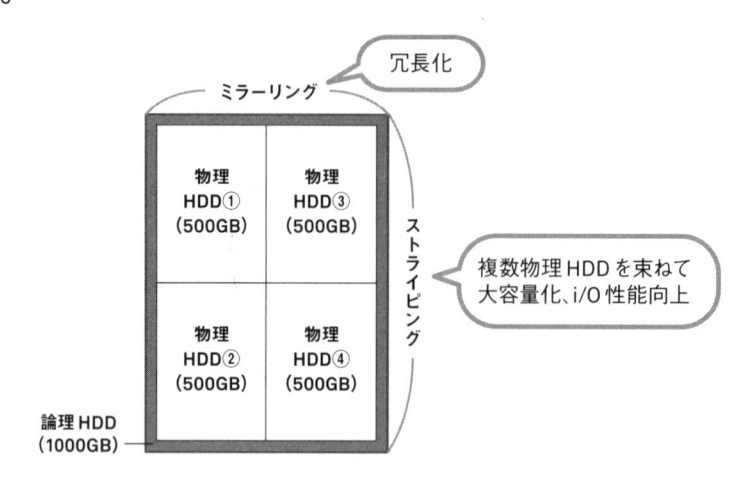

RAID5は、物理HDDの中をデータ領域とパリティ領域に分ける方式で、最低3本からの物理HDDを用いて構成します。

RAIDメンバーのうち、1本のある物理HDDが故障したとしても、残りの物理HDDのパリティ領域から故障したHDDのデータを復元することが可能であり、そのままシステムの継続稼働が可能です。ただし、その場合は、パリティ情報からデータを復元しつつの読み書きとなりますので、I/O速度の低下が短所となります。さらに、その状態で2本目の物理HDDが故障した場合、パリティからのデータ復元は不能となります。

ミラーリングと比較して、データ領域の容量を多めに確保することができるので、限られたシステム予算の中で可用性を確保しつつ最大限のデータ容量を確保したい場合に検討される方式です。RAID5のイメージを、**図4.2.3-5**に示します。

図4.2.3-5 RAID5

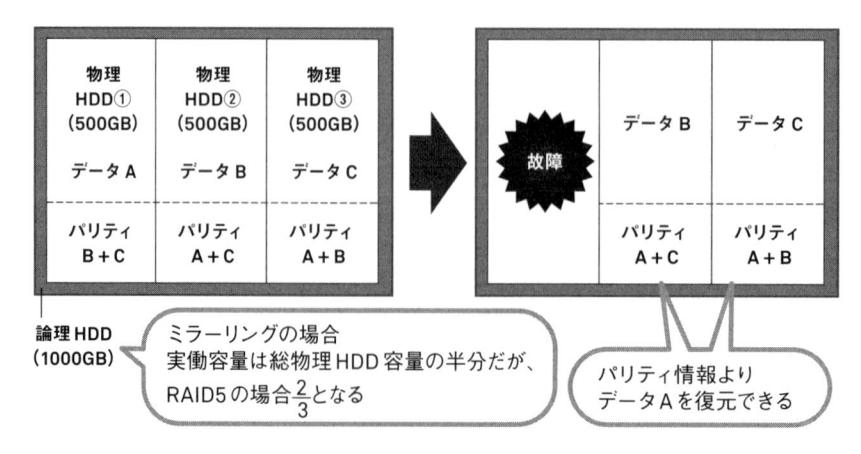

RAID6は、RAID5のパリティ部分を冗長化したものであり、物理HDDが2本同時に故障した場合にも耐えられるようにしたものです。RAID6の例を、**図4.2.3-6**に示します。

図4.2.3-6 RAID6（P+Q方式）

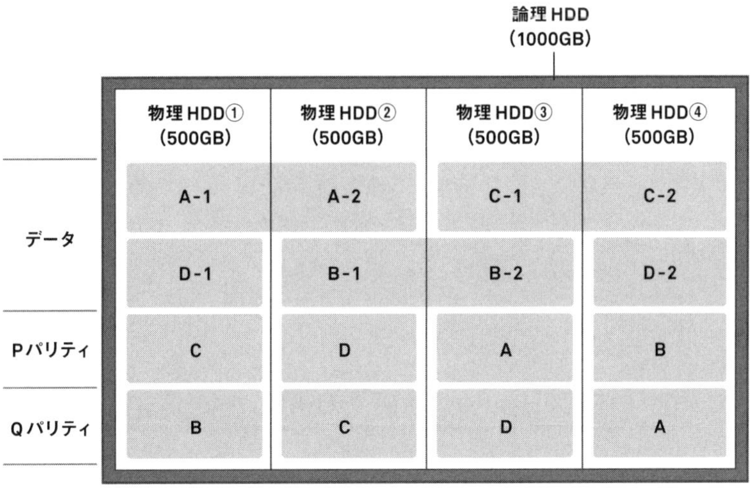

Pパリティ、Qパリティはそれぞれ異なるアルゴリズムで生成されたパリティ情報で、データ、Pパリティ、Qパリティをそれぞれ異なる物理HDDに配置することで耐障害性を向上させたものになります。ただし、パリティデータが二重生成されるため、容量効率および書込み性能についてはRAID5に劣る形となります。

RAID6のパリティ方式は、他に**2D-XOR方式**があります。2D-XOR方式では、1本の物理HDDを2つ目のパリティ専用とし、1つ目のパリティとは別のデータの組合せで生成したパリティ情報を保持します。ただし、この方式は、パリティ専用ディスクへI/Oが集中するという性能面の問題があるため、あまり採用されていません。

近年は、仮想化環境上でまとまった数のHDDをRAIDで束ねてデータストアとし、それを複数の仮想サーバに分配するケースが多くなっています。そのような環境ではRAID5を採用するより、さらに進めてRAID6にするという事例の方が多いと筆者は感じています。

これはディスクの容量あたりの価格が年々低下してきていることと、ディスク障害の影響を受けるサーバの数が多いため、複数ディスクの同時障害によるシステム全損のリスクをなるべく排除したいということが判断軸となっています。

ハードディスクはまとめて故障する

ハードディスクには、「**同時期に購入したものはだいたい同時期に故障する**」というジンクスがあります。

サーバに内蔵されているハードディスクのシリアルナンバーをチェックしてみると、同じ番号帯で割り振られていることが多いのですが、これは同じ工場で同じロットで生産されたものがセットになっていることを示しています。

この同じロットで生産され、同時期に使い始めたディスクが壊れる時期というのが見事なくらいに重なったりします。

そのため、ハードディスクに関しては、「**故障したら迅速に交換対応を行う**」ということと、「**最悪の事態に備えて、バックアップデータの確保とリカバリ手順の準備をしておく**」ということを強くお勧めします。

2. 外部ストレージ装置を利用した冗長化

近年におけるデータの大容量化、仮想化環境の浸透により、ハードディスクはストレージ装置を用いて仮想化された状態で利用するケースが多くなっています。外部ストレージ装置は、一般的にディスクアレイユニットと呼ばれており、ハードウェアRAIDの一実現手段として分類できます。

外部ストレージ装置を利用する利点は、以下のとおりです。

- **複数サーバで共有することによるリソースの有効活用**
- **ストレージレベルでの耐障害性確保**（ホットスワップ*1やホットスペア*2による自動リカバリ機能）

外部ストレージ装置を用いたシステム構成のイメージは、**図4.2.3-7**のとおりです。

ストレージ内では、複数の物理HDDをRAIDで束ねて論理HDDとしたうえで、それをさらにLU（Logical Unit：論理ユニット）という単位に分割し、サーバから見えるようにします。サーバでは、LUN（Logical Unit Number：論理ユニット番号）という名称でLUを識別することが可能で、「1つのLUN」があたかも「1つの物理HDD」であるかのように見えます。

---

*1　**ホットスワップ**：電源を入れたままHDDの交換を可能とする機構。

*2　**ホットスペア**：あらかじめ予備のHDDを通電状態で待機させておき、あるHDDが故障した際に即座に予備HDDへ切り替えて稼働させ、さらにデータ復元を行い、故障前の状態へと自動復旧させる仕組み。

LUNのメリットは、RAID構成した論理HDDをさらに論理分割し、複数サーバでの共有が可能になることで、限りあるディスク資源を有効・柔軟に活用できることにあります。

　サーバとストレージ間はSAN（Storage Area Network：ストレージエリアネットワーク）を介して接続することが一般的です。SANには、FC-SANとIP-SANの2種類があり、図4.2.3-7ではFC-SANを例に、SANスイッチを用いたサーバとストレージ装置の接続例を示しています。この図からは、ストレージ装置内の物理ディスクはRAIDで冗長化されていますが、サーバとSANスイッチ間、SANスイッチとストレージ装置の間の接続ケーブルについてはSPOFが内在しており、冗長化が不充分であることが読み取れます。

図4.2.3-7 外部ストレージ装置によるディスク冗長化のイメージ

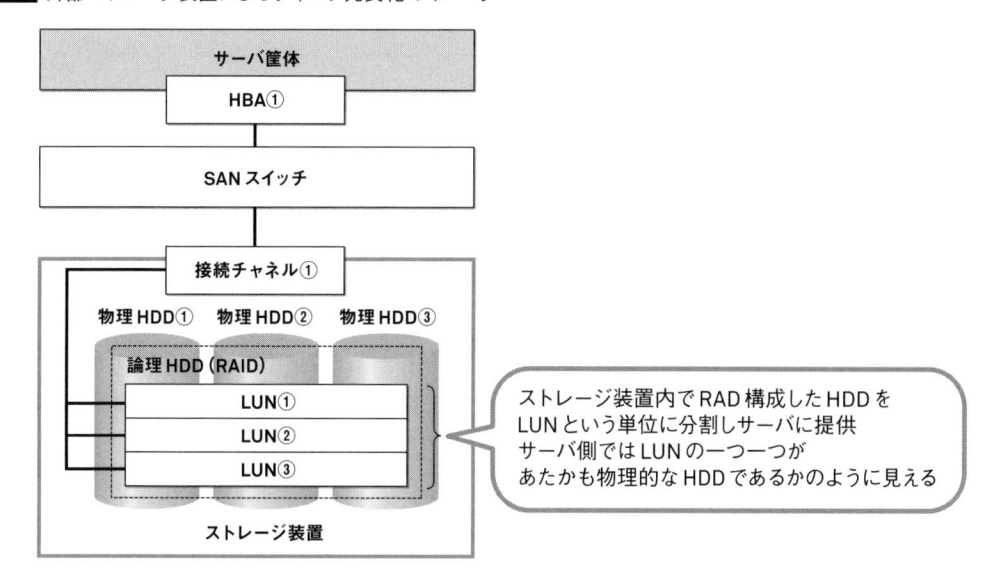

表4.2.3-1 用語の説明（外部ストレージ関連）

用語	意味
HBA	Host Bus Adapter （ホストバスアダプタ） コンピュータと他のネットワーク機器やストレージ機器を接続するためのハードウェア
SAN	Storage Area Network （ストレージエリアネットワーク） コンピュータとストレージの間を結ぶ高速なネットワーク
SANスイッチ	複数のサーバとストレージを束ね、SANを構成するためのハードウェア FCスイッチとも呼ばれる
LUN	Logical Unit Number （論理ユニット番号） 論理的なHDDの1単位 （論理ユニット） に対して割り当てられる番号

　サーバからストレージ筐体間の接続においてSPOFを排除した場合のシステム構成例を**図4.2.3-8**に示します。

図4.2.3-8 サーバ⇔ディスク間のSPOF排除のイメージ

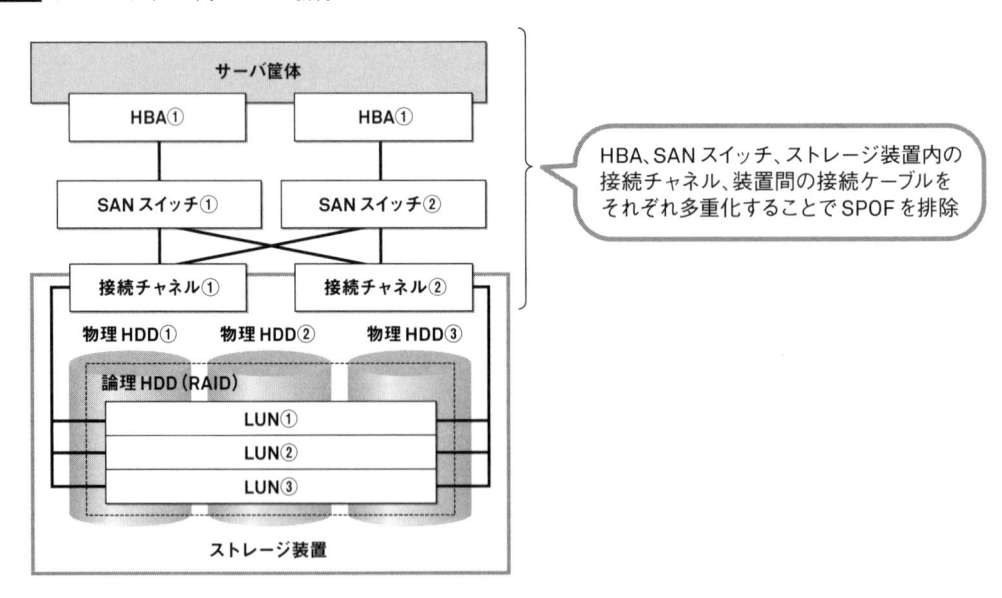

　この例では、サーバ筐体内のHBA、SANスイッチ筐体、ストレージ装置内の接続チャネルをそれぞれ二重化し、どのコンポーネント（部品）が障害になっても迂回経路が確保できている状態になっています。

冗長化の例（2）
―サーバの冗長化

　サーバを構成するハードウェア部品をすべて冗長化したとしても、サーバそのものの障害発生率を0%にすることはできません。ハードウェアに故障がなかったとしても、プロセスダウンやファイルの論理的な破損などの要因で、サーバ上で稼働するOSやミドルウェア、アプリケーションが処理を続行できないケースが発生しうるからです。そのような事態を想定し、同じ機能・役割を持ったサーバを複数台用意しておき、サーバレベルの障害が発生してもシステム処理を継続できるよう設計することも必要です。

　サーバの冗長化は**クラスタリング**（Clustering）という方法で実現します。サーバのクラスタリングは、大きく「**並列クラスタ**」と「**HA**（High Availability）**クラスタ**」に分類されます。以下、これらについてもう少し詳しく解説します。

サーバの冗長化 (その1)

―並列クラスタ

並列クラスタは、同じ機能・役割を持つ複数台のサーバを並列稼働させ、そのうちのどれかが障害になったとしても、残りのサーバでシステム処理が継続できる構成です。

複数のサーバで並列して処理を行うことができるため、冗長化に加えて負荷分散による性能面のメリットもある方式で、Webサーバのように利用者数が増えると同時アクセス数が増加するような性質のサーバに適した方式です。

一方、この方式は、複数サーバで並列処理を行うことから、一意性または順序保証が必要な処理には不向きです。並列クラスタによるシステム構成の例を、**図4.3.1-1** に示します。

図4.3.1-1 並列クラスタによるシステム構成の例

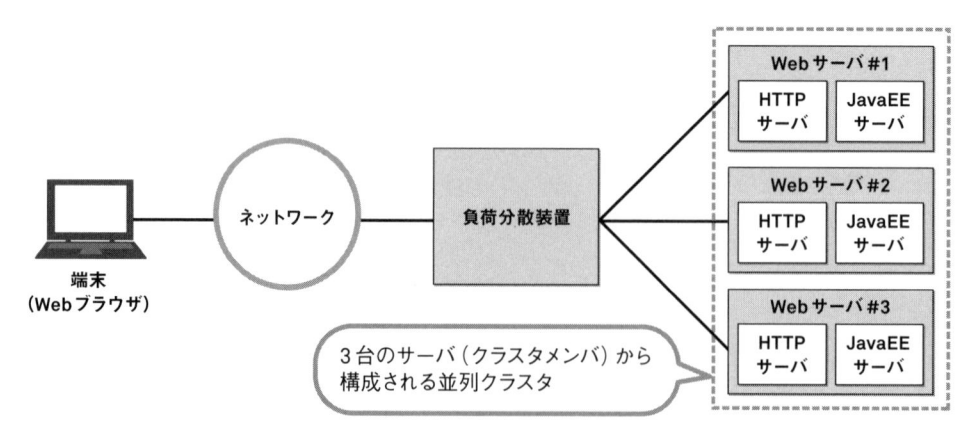

この例では、負荷分散装置から呼び出される先のWebサーバが3台で冗長化されています。Webサーバの場合、手前に負荷分散装置を配置し、負荷分散装置の機能で並列クラスタを実現するのが一般的です。

この場合、Webシステムの利用端末は負荷分散装置に対してアクセスを行うことになり、複数あるWebサーバのうち、実際にどのサーバにアクセスするかについては負荷分散装置に任せることになります。Webサーバのどれかが障害になった場合、負荷分散装置

の機能でサーバの障害を検知し、該当サーバへのアクセス振分けを自動的に停止することで、システム処理を継続します。障害発生時の処理イメージを、**図4.3.1-2**に示します。

図4.3.1-2 並列クラスタにおけるサーバ障害発生時の処理イメージ

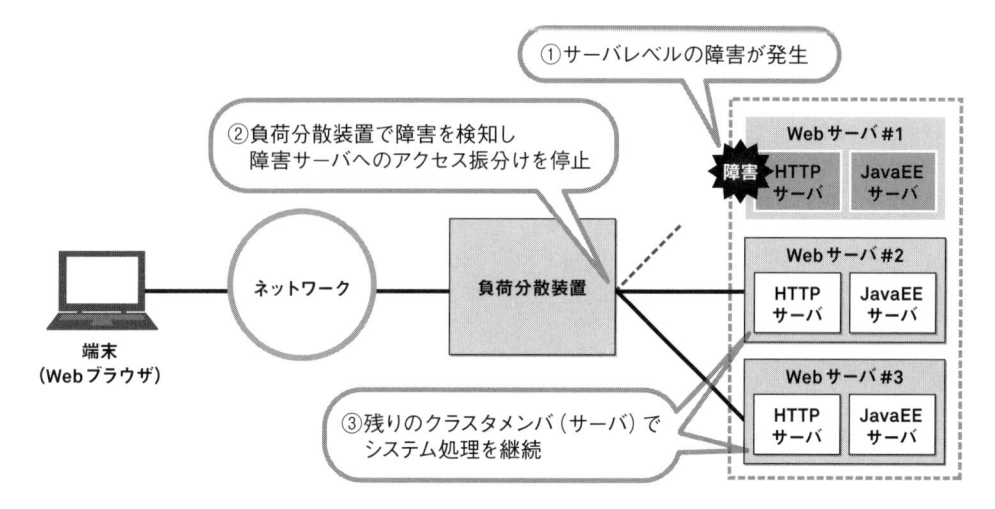

サーバの冗長化 (その2)
―HAクラスタ

　HA（High Availability）**クラスタ**は、同じ機能・役割を持つ複数台のサーバを稼働系（アクティブ）、待機系（スタンバイ）という形で稼働させ、通常は稼働系のみで処理を行う構成です。稼働系が障害になった場合、待機系が稼働系へと昇格することでシステム処理を継続することができます。

　稼働系サーバのみで処理を行うため、データの一意性や処理の順序性を保証する必要がある処理の冗長化はHAクラスタにおいては実現すべきで、DBサーバやインタフェース系のサーバ（メッセージング・サーバやファイル連携サーバ）はHAクラスタが適しています。

　以下にHAクラスタによる冗長化のイメージをいくつか示します。

1. HAクラスタによるDBサーバ冗長化の例

　DBサーバでは、データベース製品（DBMS：DataBase Management System）の制御情報やデータベースのデータそのものを一意に管理する必要があります。HAクラスタではそれらのデータを共有ディスク上に配置し、稼働系サーバと待機系サーバの両方からアクセスできるように構成します。これにより稼働系サーバで障害が発生した場合に、それまでのデータを引き継いで待機系サーバでシステム処理を継続することが可能になります。

　またHAクラスタ製品では、各サーバに割り当てているIPアドレスとは別に、サービスIPアドレスという稼働系/待機系双方で使用する共有のIPアドレスを割り当てます。DBサーバに接続をするアプリケーションは、このサービスIPに対して接続要求を行うよう設定しておきます。

　サービスIPは、通常時は稼働系で稼働しているサーバに割り当てられており、障害により待機系サーバに切替えが発生する時にはこのサービスIPも移動します。これにより、接続元のアプリケーションは現在どちらのサーバが稼働系であるかを意識する必要がなくなります。HAクラスタによるDBサーバの構成例を、**図4.3.2-1** に示します。

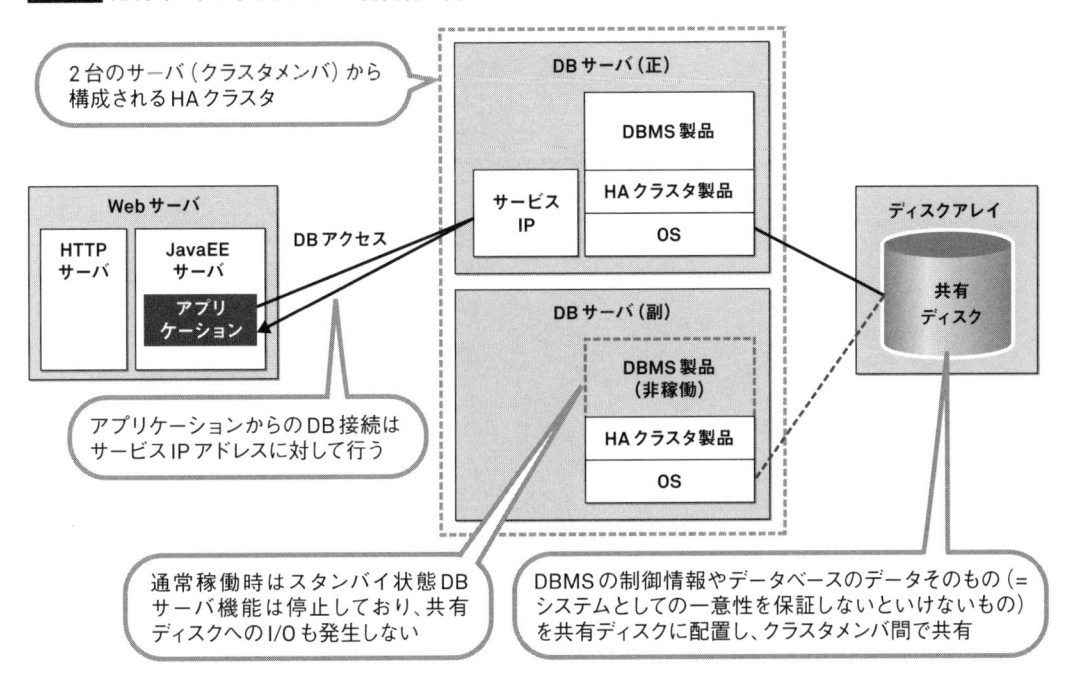

図4.3.2-1 HAクラスタによるDBサーバ冗長化の例

2台のサーバ（クラスタメンバ）から構成されるHAクラスタ

DBサーバ（正）
- DBMS製品
- HAクラスタ製品
- OS
- サービスIP

Webサーバ
- HTTPサーバ
- JavaEEサーバ
  - アプリケーション

DBアクセス

DBサーバ（副）
- DBMS製品（非稼働）
- HAクラスタ製品
- OS

ディスクアレイ
- 共有ディスク

アプリケーションからのDB接続はサービスIPアドレスに対して行う

通常稼働時はスタンバイ状態DBサーバ機能は停止しており、共有ディスクへのI/Oも発生しない

DBMSの制御情報やデータベースのデータそのもの（＝システムとしての一意性を保証しないといけないもの）を共有ディスクに配置し、クラスタメンバ間で共有

次に、HAクラスタにおいて、稼働系サーバで障害が発生した場合の切替えのイメージについて説明します。

稼働系サーバで障害が発生した場合、HAクラスタ製品の機能で、まずは障害の検知を行います。検知する障害としては、一般的に以下が挙げられます。

- ・サーバそのものが停止した場合
- ・サーバ上のネットワークアダプタが停止した場合
- ・共有ディスクにアクセスできなくなった場合
- ・サーバ上で監視対象のプロセスが停止した場合
- ・任意のチェックプログラムを実行した結果、エラーとなった場合

このような問題が発生した場合、HAクラスタ製品は必要に応じて復旧動作を試み、そして復旧の見込みがないようであれば待機系サーバへの切替えを行います。切替えが可能な状態であれば、まず稼働系サーバで実行しているDBMS製品の停止、共有ディスクの切り離し、サービスIPの解放を行います。

次に、待機系サーバの方で、共有ディスクのマウント、サービスIPの割当てを行ったうえで、DBMSを起動します。切替え時のイメージを、**図4.3.2-2**に示します。

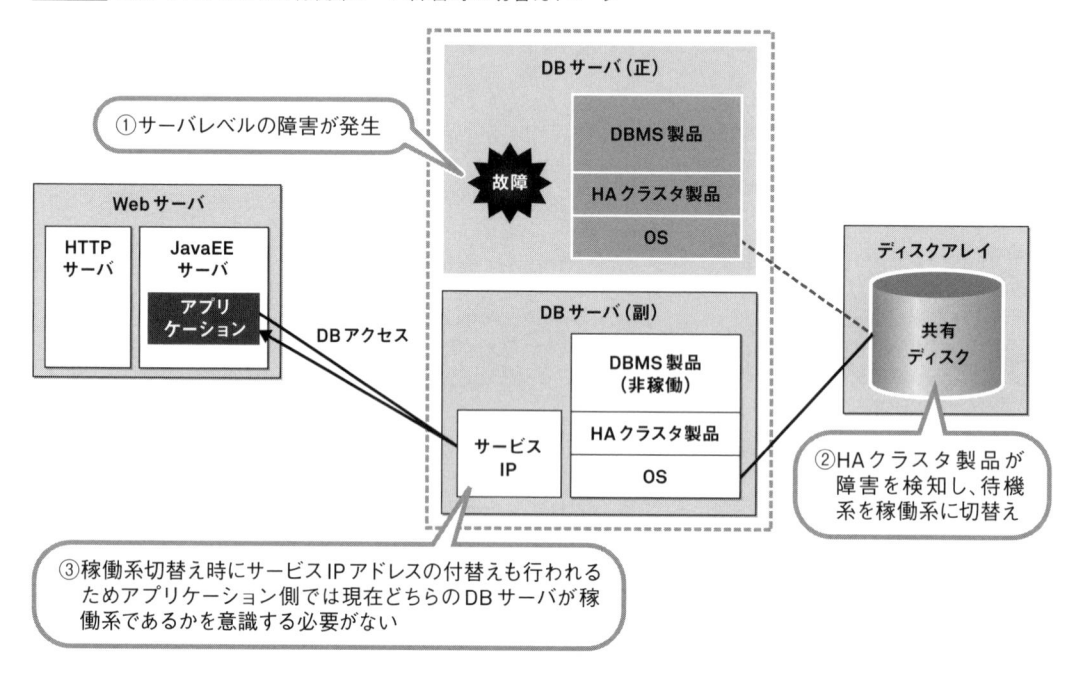

図4.3.2-2 HAクラスタにおける稼働系サーバ障害時の切替えイメージ

①サーバレベルの障害が発生

DBサーバ（正）
DBMS製品
HAクラスタ製品
OS
故障

Webサーバ
HTTP
サーバ
JavaEE
サーバ
アプリ
ケーション

DBアクセス

DBサーバ（副）
DBMS製品
（非稼働）
HAクラスタ製品
OS
サービス
IP

ディスクアレイ
共有
ディスク

②HAクラスタ製品が
障害を検知し、待機
系を稼働系に切替え

③稼働系切替え時にサービスIPアドレスの付替えも行われる
ためアプリケーション側では現在どちらのDBサーバが稼
働系であるかを意識する必要がない

2. HAクラスタによるメッセージング・サーバ冗長化の例

　メッセージング・サーバ製品に関しては、メッセージ・キューやトランザクション・ログといった電文データそのものや、それを制御するための情報を共有ディスク上に配置し、HAクラスタのサーバ間で共有します。これによって、サーバを冗長化しつつもメッセージの受付窓口を一本化することが可能になるため、メッセージの処理順序性を担保する必要があるアプリケーションのメッセージ処理に適しています。

　図4.3.2-3 では、MSG1からMSG4の順でメッセージを受信しており、それを受付順にメッセージ・キューにキューイングしています。受け付けたメッセージは、メッセージング製品の機能でキューイング（FIFO：First In First Out）か、スタック（LIFO：Last In First Out）のどちらかの順序で処理をすることが可能で、同一のメッセージ・キュー内ではこのルールに従った順序性を保証することができます。

　例えば、金融系システム上のアプリケーションの処理で、自分の口座に「入金」をしてから他の口座へ「送金（振込）」という順序で処理したいところ、順序が入れ替わって他の口座に「送金」してから自分の口座に「入金」としてしまうと、残高不足で送金できない場合が発生してしまいます。

図4.3.2-3 HAクラスタにおけるメッセージング・サーバ冗長化の例

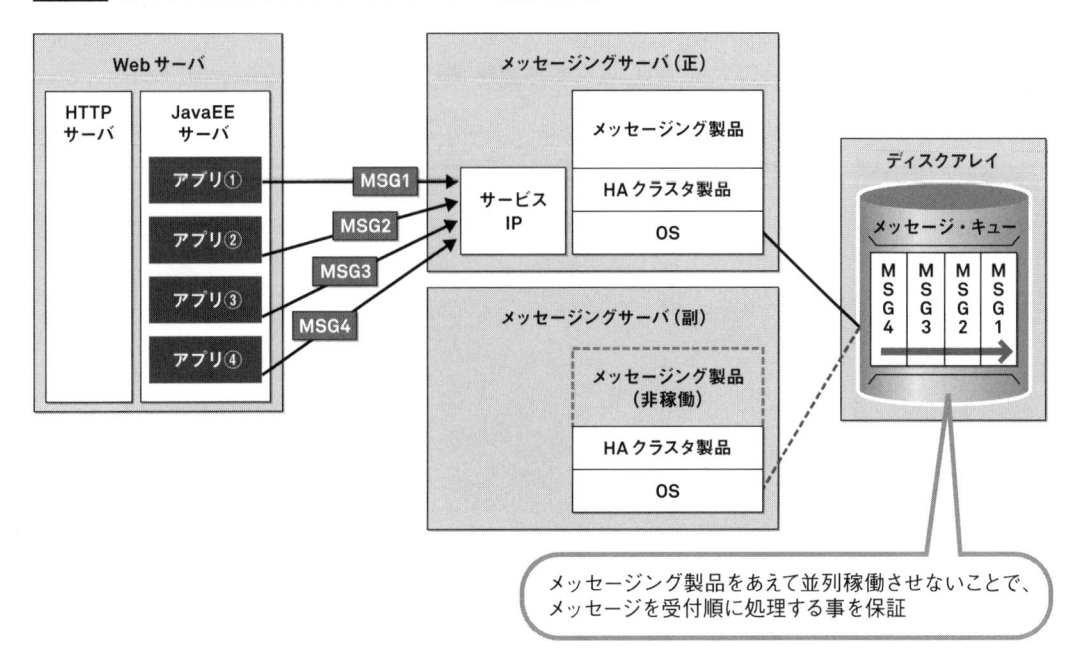

メッセージング製品をあえて並列稼働させないことで、メッセージを受付順に処理する事を保証

このような業務要件があるかどうかはアプリケーションの機能要件によりますので、どのような構成で冗長化を行うかについては、業務アプリケーションの仕様を把握している主要メンバーやシステムの処理方式を決めるアーキテクトに確認する必要があります。なんでも分散・並行処理しておいた方が性能面では有利かもしれませんが、あえて集中・直列処理させる構成も必要であることを覚えておいてください。

3. HAクラスタによるファイル連携サーバ冗長化の例

システム間、サーバ間でファイルのやり取りを行う場合、その中継役を担うファイル連携サーバが必要となります。このファイル連携サーバについても、HAクラスタでの冗長化が適しています。サーバの構成として、やり取りを行うファイルそのものを共有ディスク上に配置し、待機系サーバに引き継げるようにします。

DBサーバ冗長化の項でも触れましたが、HAクラスタにすることの利点はサービスIPにあり、接続元のシステムは常にこのサービスIPに対して接続要求を行えば良いため、接続元システムに現在どちらのサーバが稼働系なのかを意識させないようにすることができます。ファイル連携サーバの冗長化例を、**図4.3.2-4**に示します。

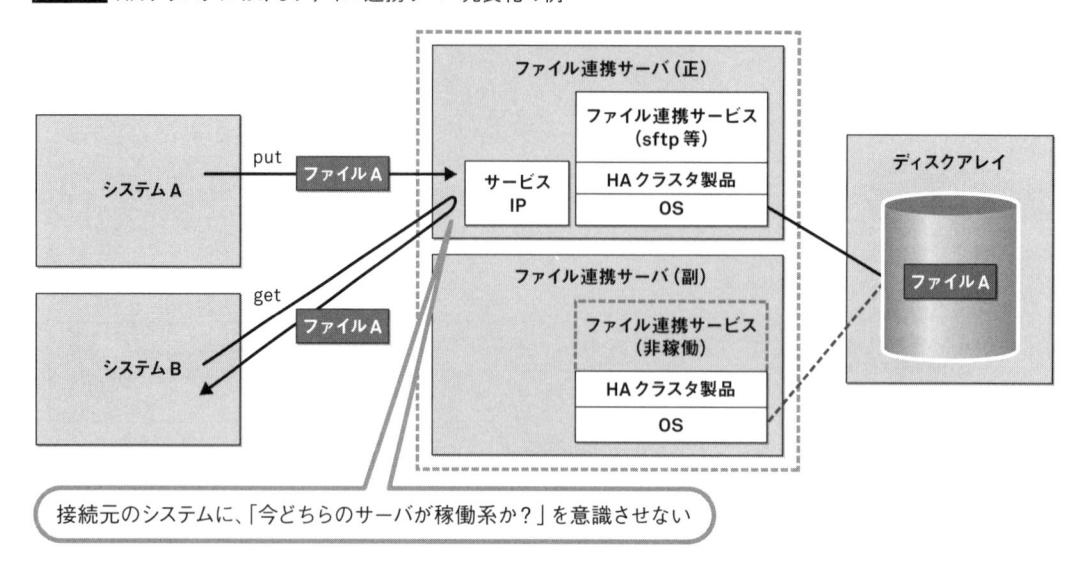
図4.3.2-4 HAクラスタにおけるファイル連携サーバ冗長化の例

接続元のシステムに、「今どちらのサーバが稼働系か?」を意識させない

4. 仮想化製品によるHAクラスタ

　従来は、物理サーバレベルやミドルウェア製品固有機能でのクラスタ化を行うことがサーバ冗長化の主流でしたが、近年の仮想化製品の進化と市場への浸透により、仮想化製品でのHAクラスタについても主要な選択肢となりました。仮想化環境においては、物理サーバ上で稼働する仮想化製品が提供するハイパーバイザがOSとして稼働しており、ハイパーバイザ上では複数の仮想サーバを実行することが可能です。

　仮想サーバを実行するうえで必要となるハードディスクは、仮想ディスクファイルという形で共有ディスク上に配置し、仮想化環境を構成する複数の物理サーバから共有できる状態にしておきます。**図4.3.2-5**では、物理サーバ#1上で仮想サーバA・Cが、物理サーバ#2上で仮想サーバBが実行されている状態を表しています。

　この状態でどちらかの物理サーバに障害が発生した場合、障害サーバ上で稼働していた仮想サーバは、正常稼働している物理サーバに移動したうえで処理を継続することができます。**図4.3.2-6**が、そのイメージ図となります。

　仮想化製品によるHAクラスタのメリットとしては、これまでシングル構成（SPOFが存在）であったサーバを、仮想化技術により当初のサーバの設計を変えずに高可用性構成のサーバへとレベルアップができることにあります。また、仮想化を行うことによって、必要なリソースを集約、最適化することができ、かつ必要ハードウエア数も削減できるため、システムの規模が大きくなるほどトータルコストを軽減することができます。

図4.3.2-5 仮想化製品のHAクラスタ機能によるサーバ冗長化の例

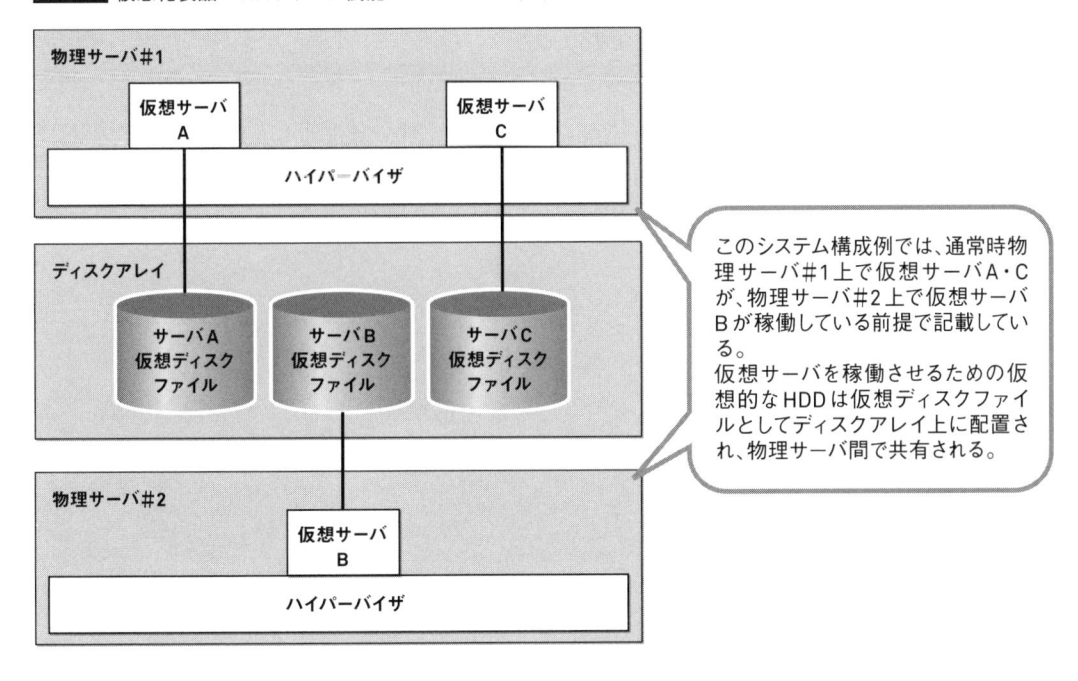

このシステム構成例では、通常時物理サーバ#1上で仮想サーバA・Cが、物理サーバ#2上で仮想サーバBが稼働している前提で記載している。
仮想サーバを稼働させるための仮想的なHDDは仮想ディスクファイルとしてディスクアレイ上に配置され、物理サーバ間で共有される。

図4.3.2-6 仮想化製品のHAクラスタ機能による障害時切換えのイメージ

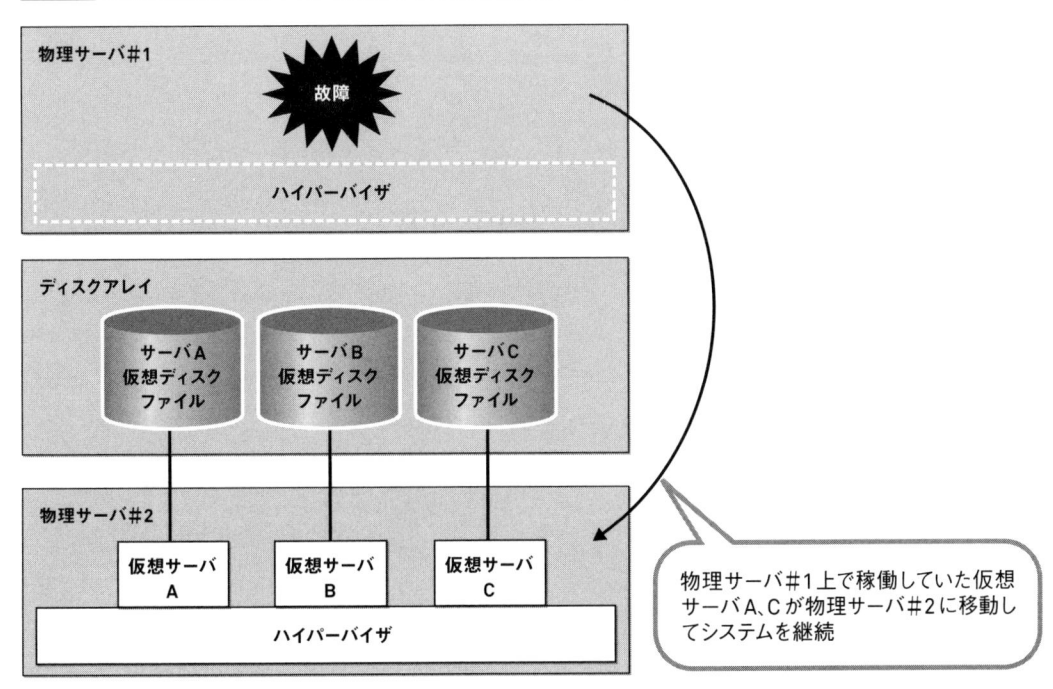

物理サーバ#1上で稼働していた仮想サーバA、Cが物理サーバ#2に移動してシステムを継続

ただし、すべてのミドルウェア製品が仮想化環境上での動作を保証しているわけではないため、予備調査をしっかり行う必要があります。

　さて、ここまで耐障害性を高める可用性について、実例を踏まえながら説明してきました。次節では、システムの信頼性を高めるもう1つの要素である性能、拡張性について解説していきます。

第 5 章

性能・拡張性設計のセオリー

システムの信頼性を高めるために検討すべき要素として、前章で解説した可用性と共に、本章で解説する性能・拡張性（Performance and extensibility）があげられます。両者の違いを述べるとすると

- 可用性は、ハードウエア障害などでシステムを停止させないための、いわゆる「進行中の現在」に備えるもの
- 性能・拡張性は、システムの利用動向などから将来を事前に予測し、システム利用者数の増加によりサーバ負荷が高まった場合への対応など、いわゆる「想定される未来」に備えるもの

と言うことができます。これらのイメージを、図5-1に示します。

図5-1 可用性と性能・拡張性

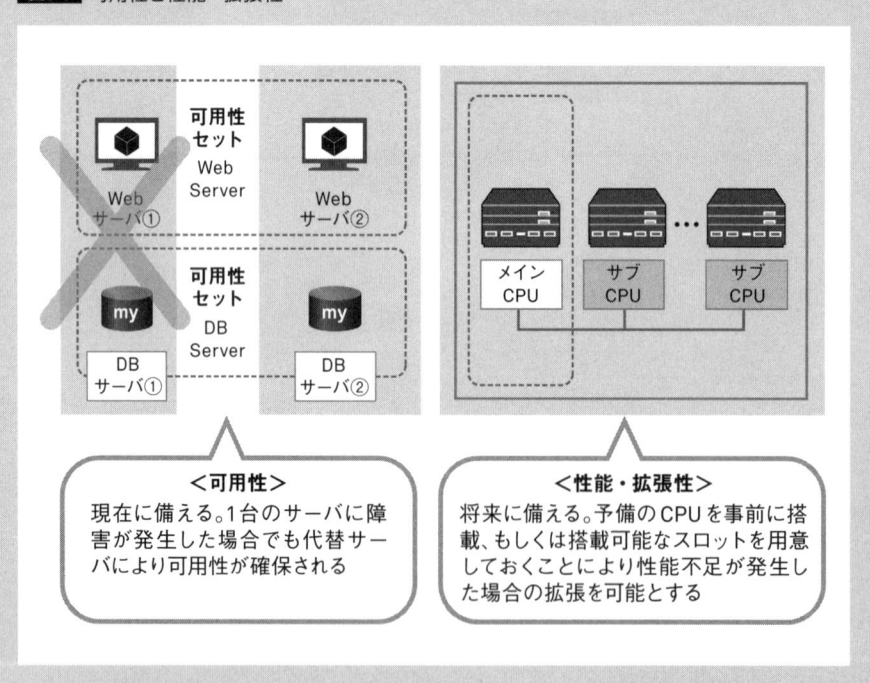

<可用性>
現在に備える。1台のサーバに障害が発生した場合でも代替サーバにより可用性が確保される

<性能・拡張性>
将来に備える。予備のCPUを事前に搭載、もしくは搭載可能なスロットを用意しておくことにより性能不足が発生した場合の拡張を可能とする

　一般に、設計を行う上で理想となるシステムは、初期の設計から一切変更する必要がなく、そのシステムが役目を終えるまで安定稼働し続けることができるシステムです。しかし、ビジネス戦略の達成手段として構築したシステムの場合、ひとたび成功を収めれば、そのシステムに対する利用者は増え、アクセス数も増加します。

アクセス数が増加すれば、当初想定していた以上のシステム性能が必要となります。このような事態に対する事前の検討がなされていなければ、システム性能に対する要求にタイムリーに対応することができません。そのため、性能・拡張性を事前に検討しておくことが、非常に重要なのです。

　さらにその中でも、インフラは、<u>図 5-2</u> のとおりシステムの最下層に位置するため、その上に存在する要素が何か変化すると、それに対応するための対策が必要になりやすい領域です。

　システムにおける変化は付き物であり、システムが稼働を開始した後も状況を監視し続け、変化を予測し、変化に柔軟に対応し続けることが、システムの信頼性を維持する上では非常に重要なポイントです。

　本章では、システムの性能や拡張性に着目し、設計時に配慮すべきポイントと、サービスを開始した後の管理・変更について解説していきます。

図5-2 システム構成のピラミッド

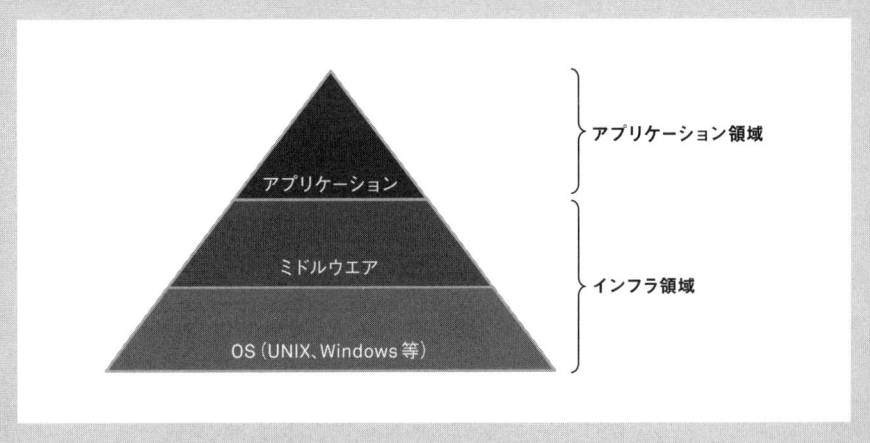

性能・拡張性を考慮した設計

　システムの性能および拡張性を考慮する際、前提となる情報の代表的な項目として、次の要件があげられます。

・システムを利用するユーザの数

・システムへ同時にアクセスするユーザの数

・システムで扱うデータの量および保管期間

・レスポンスタイム目標値（処理開始〜完了までの時間）

・スループット目標値（単位時間あたりの処理量）

　これらの要件をユーザと合意した上で、この条件を満たすためにどの程度のリソースおよびサーバ台数が必要となっていくかを、**図5.1-1** に記載した例のような手順で見積もっていきます。これを、**サイジング** と言います。

図5.1-1 サイジングの例

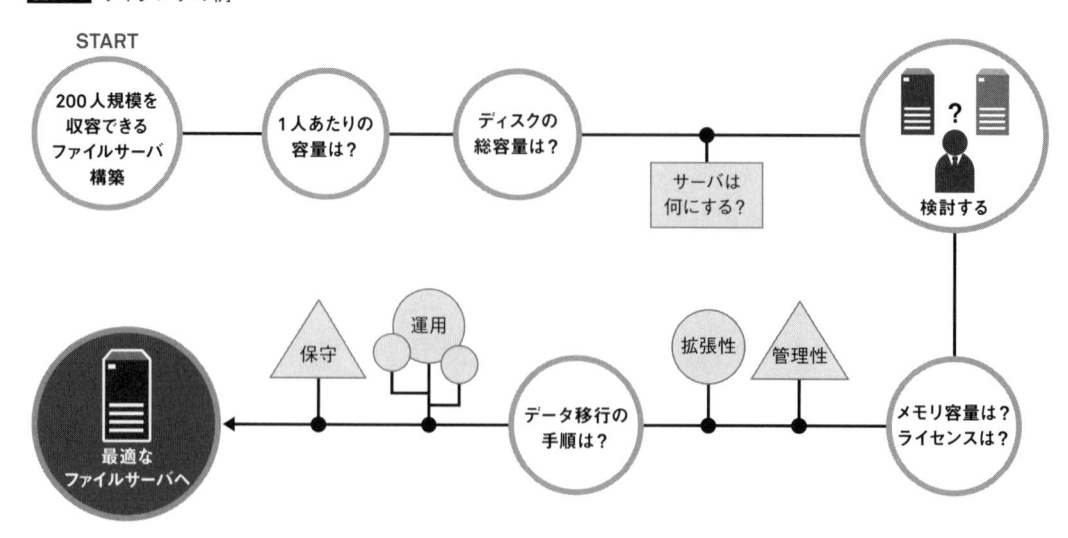

　ここで1点注意すべきことがあります。このサイジングは、設計段階ではあくまで机上による計算が前提であるため、高精度の見積もりを行うことはできません。そこで、見積もられた数値に対して一定の安全率を掛け合わせた値を使用することを推奨します。安全率とは、見積もられた値に対する性能不足が発生しないよう、算出値に乗算する値です。1.2〜1.5程度の値を使用するのが一般的ですが、この値が人きすぎると性能過多となるケースもありますので、事前にユーザと合意した値を使用するようにしてください。

　おおよそのリソースを見積もることができたら、次は性能向上のための各種施策について検討していきます。性能を考慮した設計を考える上で、まず意識すべきなのが、必要となるリソースを初めに確保することを基本とする点です。これはリソースの有効活用という観点とは逆の立場からのアプローチとなりますが、必要なときに必要なリソースをその都度確保するという動作は、各製品、各レイヤーで一定の負荷を要する作業となるため、処理の遅延を招きます。

　このため、具体的には、以下のような処理を通じてリソースを初めに確保することにより、性能向上を図ることになります。

- ・メモリ領域：起動時に必要とされるサイズを確保する
- ・デーモン／プロセス*1：起動時に必要な本数を立ち上げる
- ・記憶領域：見通せる範囲で必要な容量を事前に割り当ててしまう

　図5.1-2は、メモリの領域確保の仕方を対比した製品の比較例です。都度確保を行った場合、システムのリソース利用効率は向上しますが、システムに対する負荷が高まってしまいます。こういったことを未然に防ぐため、各製品が稼働するためにどの程度のリソースが必要なのかを、事前に確認しておく必要があります。

　もちろん、設計の段階から正確なリソースの量を見積もることはできませんので、ある程度の概算見積もりを行った上で、その妥当性を後続のテストフェーズで確認することになります。

---

*1 **デーモン／プロセス**：常駐もしくは実行中のプログラムのこと

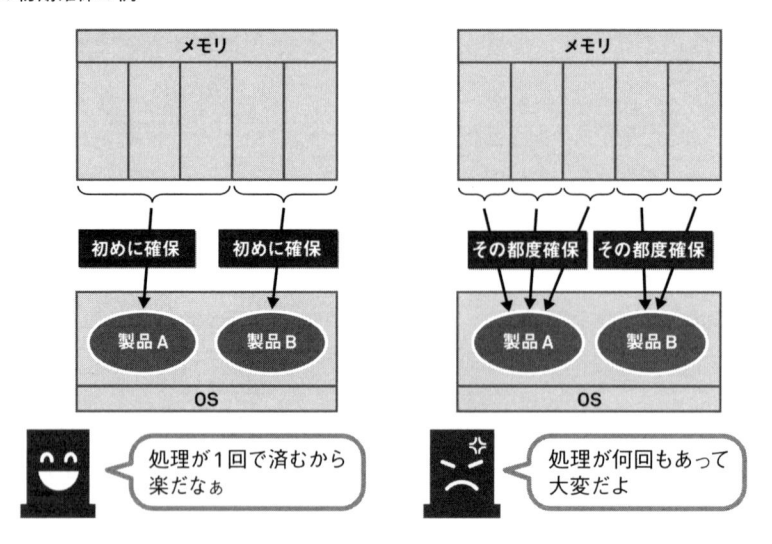

図5.1-2 メモリの初期確保の例

　拡張性の考慮については、システムの稼働中に想定以上の処理が舞い込み、システムリソース使用状況が危険水域に達しそうな場合（例：CPUの使用率が常時90%を超えていて余裕がほとんどない場合）などに、ハードウェアの拡張で対応できるようにするため、事前に機種選定を行う必要があります。具体的には、CPU、メモリ、ハードディスクについては、追加搭載可能な空き領域（スロット）を、初期搭載時の1.5 ～ 2倍程度確保しておくとよいでしょう。これが不足していると、必要なリソースの拡張を行うことができず、最悪の事態では、システムの全面更改が必要となる場合があります。なお、具体的な拡張方法については、5.2節にて後述します。

　では次に、3階層システム[*2]における、以下の代表的なコンポーネント単位にて考察を行っていきます。

　・サーバのCPU、メモリおよびディスクの選定
　・Java（アプリケーション・サーバ）のヒープサイズ[*3]設定
　・データベースのメモリ設定

性能を考慮した設計の例 （その1）
—サーバのCPUおよびメモリの選定

　システムの根本を下支えするのが、構築する各サーバであり、このサーバの動作の根幹となるのが、CPUおよびメモリとなります。人間の作業で例えるならば、CPUはさしずめ人の頭脳、メモリはその人が作業を行う机の広さであるといえます。そして、サーバに搭載されるディスクは、机についている引出しです（**図5.1.1-1**）。そのため、この3者のバランスは非常に大事です。優秀な頭脳を存分に発揮するためにはそれに見合った作業スペースが必要であり、作業を行った内容を保管しておくスペースも大量に必要になります。逆に未熟な作業者に対し、それに見合わない作業スペースや大きな引出しを与えたとしても、そのスペースを十分に活用することはできません。

図5.1.1-1 CPUとメモリ、ディスクを人間に例えたイメージ

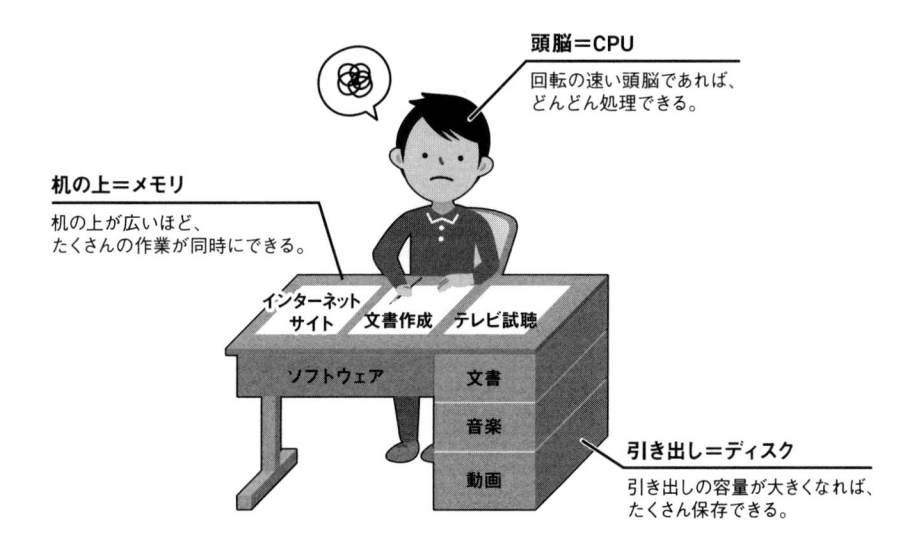

頭脳＝CPU
回転の速い頭脳であれば、
どんどん処理できる。

机の上＝メモリ
机の上が広いほど、
たくさんの作業が同時にできる。

インターネットサイト　文書作成　テレビ試聴

ソフトウェア　文書　音楽　動画

引き出し＝ディスク
引き出しの容量が大きくなれば、
たくさん保存できる。

CPUやメモリのモデルについては、冒頭に記載したシステムの業務処理量やレスポンスタイム、スループット等における要件に基づき、モデルや搭載数を決定します。決定の際には、各メーカーが公表している製品ごとのベンチマーク値[4]を活用することで、ある程度の性能を測ることができます。ただし、ベンチマークテストの実施方法はメーカーごとに異なりますので、あくまで目安としての指標であることは忘れないようにしましょう。

　CPU選定の際には、コア数をいくつにする必要があるのか、という検討も必要です。

　どんなに優秀なCPUでも、ひとつのコアが処理できるのは、ひとつの処理だけです。そのため、同時並行で稼働する処理の数や処理の複雑さなども、コストに見合った形で検討を行っていく必要があります。

　システムによっては非常にハイスペックなCPUをひとつ搭載した方が効率的な場合もあれば、性能は普通でもハイスペックCPUと比較してコストが1/5であれば、同時並行処理数の関係でこちらのCPUを5つ搭載した方が効率的な場合もあります。性能面とコストバランスを考慮し、システムの特性に見合ったCPUを選定する必要があります。

　また、これ以外にも1点考慮する必要があります。それは、スケールアップおよびスケールアウトに対応可能なモデルを選定することです。

　システムリソースが不足した場合、その不足状況や投入可能なコストにより、サーバのスケールアウトもしくはスケールアップ（後述：5.2参照）を検討することになりますが、CPUやメモリによってはこれらに対応していない、もしくは拡張可能な種類が限定されるモデルが存在します。

　アプリケーションの改修や利用ユーザ数の急激な変化など、システムリソースが不足する可能性は様々なケースで考えられますので、これに対応したモデルを選定するようにしてください。

---

[4]　ベンチマーク値：CPU等の処理速度、描画速度などをある条件下で測定し、コンピュータシステムの性能を表す指標の1つとして数値化したもの。

5.1.2

性能を考慮した設計の例（その2）
―アプリケーション・サーバのヒープ領域の設定

　業務アプリケーションをサーバ上で稼働させる場合、**図5.1.2-1**のようにアプリケーション・サーバと呼ばれるJavaプロセスを起動させ、そのアプリケーション・サーバに対象のアプリケーションをデプロイ（インストール）し、アプリケーションを動作させることになります。

図5.1.2-1 アプリケーションのデプロイ

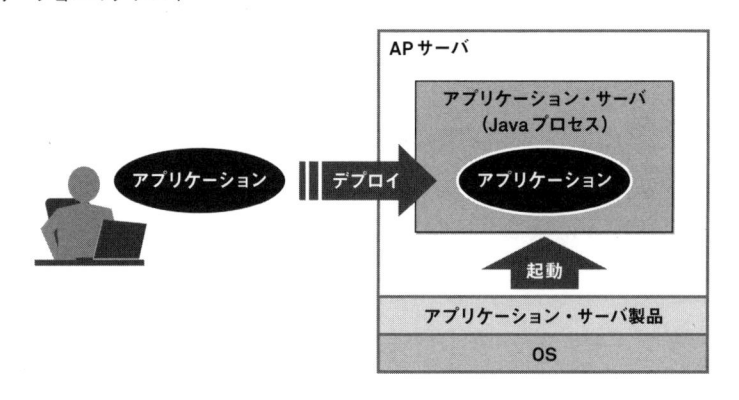

　アプリケーション・サーバでは、このアプリケーションで使用するメモリ空間を、起動の際アプリケーション・サーバ内に一定領域確保します。この領域を**ヒープ領域**といいます。そして、アプリケーション・サーバ内にデプロイされたアプリケーションを呼び出し、このメモリ空間にオブジェクトという形で割り当て、動作させます。つまり、業務アプリケーションが動作できる領域は、事前に確保されたヒープ領域の中のみということになります。また、ヒープ領域は、OSに搭載された物理メモリの範囲の中で事前に上限値が定められ、アプリケーション・サーバ単位で設定されます。

　ヒープ領域には限りがあるため、空き容量以上のオブジェクトは作成できません。もし、そのようなオブジェクトを作成しようとすると、Javaの Out Of Memory[*5]が発生し、Java

---

*5　**Out Of Memory**：メモリ不足。確保されているメモリ量以上のメモリをアプリケーションが使用しようとした場合に発生する。

プロセスがダウンします。アプリケーションのヒープ領域使用と Out Of Memory のイメージを**図5.1.2-2**に記載します。

図5.1.2-2 ヒープ領域とオブジェクト

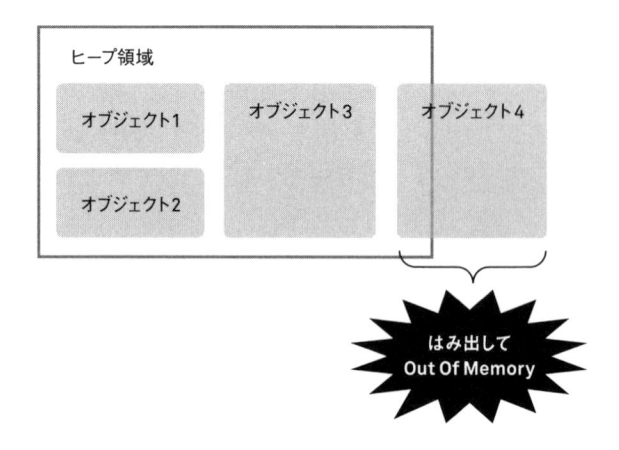

　プロセスダウンが発生すると、これは即システムダウンにつながることになりますので、ヒープ領域の設定の際には、細心の注意を払う必要があります。とはいえ、実際の設計においては、ヒープ領域の見積もりはなかなか容易ではありません。なぜならば、ヒープ領域を使用するのは、アプリケーション・サーバが起動時に使用する一定の量を除くと、大半が搭載されるアプリケーションであり、アプリケーションの具体的なヒープ使用量は、「実際にプログラミングされたアプリケーションを動かしてみないと分からない」ことが大半だからです。そのため、設計段階でアプリケーションのメモリ使用量を見積もるのは困難であり、多くの場合は、概算の見積もりでサイズ設定を行っておき、システムテストの段階でシステムにある程度の負荷をかけ、その際のヒープ使用量を確認した上で最終的な値を決定します。

　逆に言えば、見積もりよりもテストを重点的に実施する方が大切で、テストの際にどの程度の負荷をかけるのか、負荷をかけているときにどういった形でヒープ領域を確認するのか、という点を明確にしておくことが重要です。そのため、設計段階では、この点についてユーザの理解を得ることが必要になります。

　プロセスダウンの可能性があるのであれば、ある程度余裕を持った大きなサイズに初めからしておけばよいと考えるのが自然ですが、あまりに大きくし過ぎると、今度は別の問題が発生します。

　上記で言及したヒープ領域に割り当てられたオブジェクトは、アプリケーションが使用

しなくなった後でも、特に何もしなければそのまま残り続けます。このため、何もせずにそのままにしておくと、ヒープ領域は使われなくなったオブジェクトで溢れ、すぐに領域が一杯になってしまいます。

アプリケーション・サーバには、こういった不要なオブジェクトを削除してくれる仕組みが実装されています。この機能は、**ガベージコレクション**（Garbage Collection）と呼ばれ、これを行う主体を**ガベージコレクタ**（Garbage Collecter：GC）と言います。ヒープ領域の大小は、この機能の動作に影響してきます。

GCは、いわゆる「オブジェクトの掃除屋さん」の役割を果たすのですが、残念なことにヒープ領域を掃除している間は、新しいオブジェクトの作成および作成済オブジェクトの実行が許されません。つまり、「今はこの部屋を掃除中だから、アプリケーションの動作はちょっと待っていてね」ということになります。GCがオブジェクトの掃除をしている間は、システムが停止します。そして、その掃除時間は、当然部屋の大きさであるヒープ領域の大きさに比例します。

実際にはこの掃除時間は非常に短時間であるため、利用しているユーザが体感できるほどの時間ではないことが大半です。しかし、ヒープ領域が巨大化すれば、掃除にかかる時間が数秒となることも考えられます。GCの動作イメージを、**図5.1.2-3**に記載します。

図5.1.2-3 ガベージコレクタ（CG）の動作イメージ

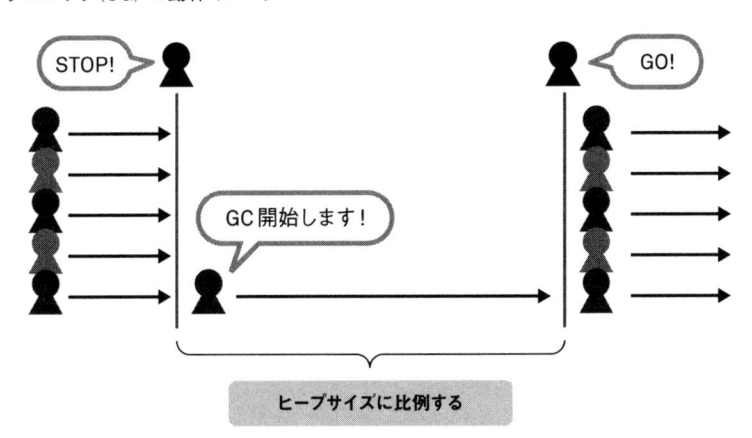

図で示されるように、GCが動作中はアプリケーションの本来の機能が停止するため、ヒープ領域を無制限に大きくすることが難しくなります。このことを踏まえ、適切なヒープ領域を決定する必要があります。

ブルー・グリーンデプロイメントと
イミュータブル・インフラストラクチャ

　一般的な業務システムでは、新しいサービスの追加などに伴いしばしばアプリケーションの仕様変更が発生し、そのつどアプリケーションのリリース作業が必要になります。リリース作業においては、通常はいきなり本番環境にデプロイメントすることはなく、シミュレーション環境などで十分な確認テストが行われ、不具合のないことを確認してから本番環境へのデプロイメントを行います。ところがシミュレーション環境と本番環境との環境差異などが原因で、デプロイメント後に発生する本番環境でのトラブルが後を絶ちません。アプリケーションの仕様変更のみでなく、インフラ環境の変更（ソフトウェアのバージョンアップやパラメータ設定変更など）においても同様なトラブルが多く発生しています。

　上記のようなトラブルを回避する方法として、「**ブルー・グリーンデプロイメント**」という方法が着目されています。本番環境を予め「ブルー」と「グリーン」の2面用意し、どちらか1面を「アクティブ（本番稼働中）」にしておき、残りの面にて新しいアプリケーションを検証しておきます。本番リリース時は、「ブルー」と「グリーン」を切り替えることでデプロイメントが完了します。また、次回のリリー

図1 ブルー・グリーンデプロイメントのイメージ

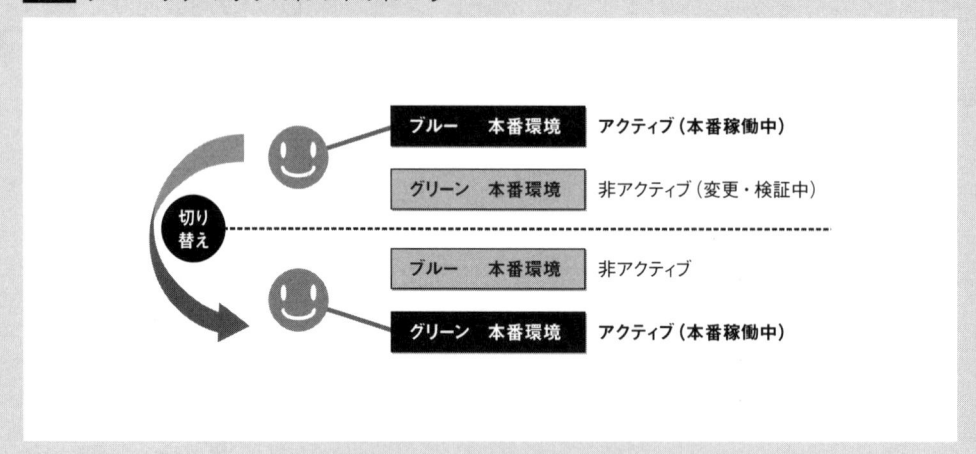

ス時には、「非アクティブ」とした「ブルー」の側にてデプロイメントと検証を行い、稼働中の「グリーン」と「ブルー」を切り替えます。この方法では稼働中の本番環境に手を加えることがないため、より安全・確実なリリース作業が実現できます。

このような方法は、クラウドや仮想化技術の進展により、全く同じサーバシステムを複数用意しても、コスト増を抑えられるようになったために可能となりました。

ブルー・グリーンの概念をさらに推し進めた「**イミュータブル・インフラストラクチャ**」という概念も着目され始めています。イミュータブルとは「変更しない」という意味です。つまり、一度作成したインフラ環境は「変更しない」という概念です。具体的には、アプリケーションやインフラ環境に変更が発生しても現在の本番環境には手を入れずに、新しい本番環境をそのつど構築し、ブルー・グリーンデプロイメントと同様に切り替えることでデプロイメントを完了させる方法です。このとき、非アクティブとした旧本番環境は破棄し、次回の変更ではまた新しい本番環境を構築して行きます。このような管理手法も、仮想化とコンテナ技術が進展したことにより、容易に実現できるようになりました。

図2 イミュータブル・インフラストラクチャのイメージ

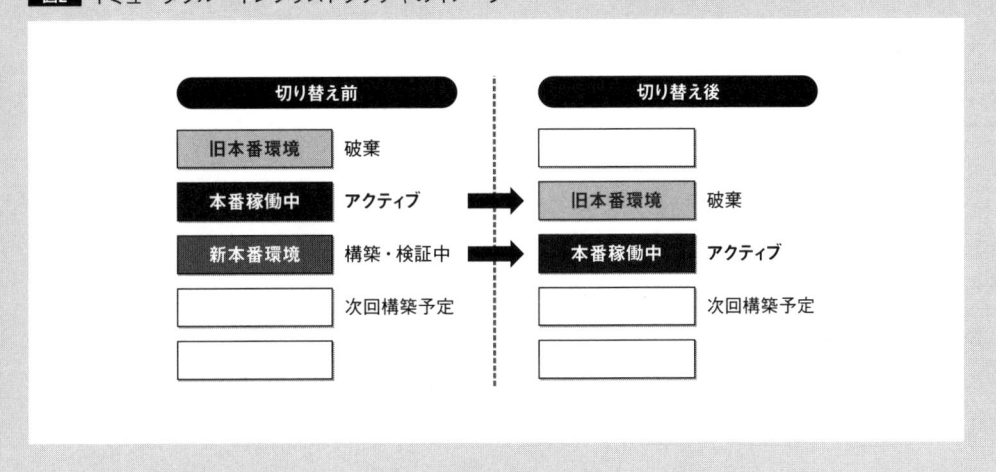

性能を考慮した設計の例 (その3)
—データベースのメモリ設定

　データベースの性能に大きな影響を与えるのがメモリの設定です。これは、各製品とも共通の課題となっており、データベースを設計する上では必須の要件になります。

　メモリには、様々な用途で使用される領域が存在しますが、今回は、データベースの大部分を占め、最も重要なメモリ領域であるデータキャッシュ領域の設定を中心に解説します。データキャッシュ領域を除くその他の領域の設定は、基本的には製品の推奨サイズに従えば問題ありません。

　まず、データキャッシュ領域が、どのようなときに使用されるかについて説明します。

　データベースシステムは、データベースが保持しているデータの参照や更新を行う際、処理に時間のかかるディスク領域にアクセスを行う前に、まずは処理が非常に高速なメモリ上のデータキャッシュ領域にアクセスし、必要な情報がないかを探しに行きます。データキャッシュ領域に目的としているデータがない場合、改めてディスク領域にアクセスを行います。

　つまり、データキャッシュ領域は、システムの性能向上のため、使用頻度の高いデータについて高速にアクセスできるためのデータ保持空間ということになります。データキャッシュの利用イメージを、**図5.1.3-1** に記載します。

　極端な例を挙げると、データベースで保持している全てのデータをデータキャッシュ領域に保持してしまえば、データアクセスの性能は飛躍的に向上します。しかし、実際にそのようなことが可能かといえば、現実的にはまず不可能です。

　データベースには、何百GB（ギガバイト）、もしくは何TB（テラバイト。ギガバイトの1000倍）といった容量のデータが格納されることが前提となります。例えば、一般に使用されている個人用途のPCを例にあげてみると、搭載されているメモリは、せいぜい4GB、多くても10GB前後です。このことから、何百GBというメモリをデータ保持のためだけに用意することが、かなり非現実的であるということがいえます。

　このことを踏まえて、データキャッシュ領域サイズを、実際にはどのように決定すれば良いのかについて、説明します。

図5.1.3-1 データキャッシュ

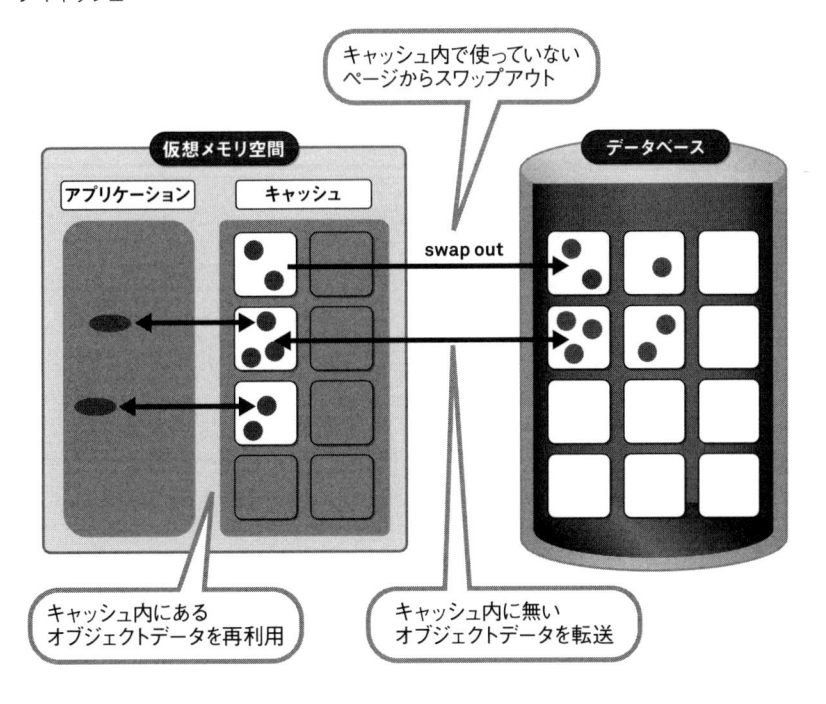

データベースを参照（または更新）する時点で、データキャッシュ領域に参照したいデータが存在する確率を、キャッシュヒット率と言います。理論的には、データキャッシュ領域を大きくすればするほどキャッシュヒット率が高まり、性能が向上します。しかし実際には、データキャッシュ領域を増やしてもあまり性能が上がらなくなるポイントが存在します。データキャッシュ領域と性能の相関図について、**図5.1.3-2** に記載します。

図5.1.3-2 ディスク領域とデータキャッシュ領域

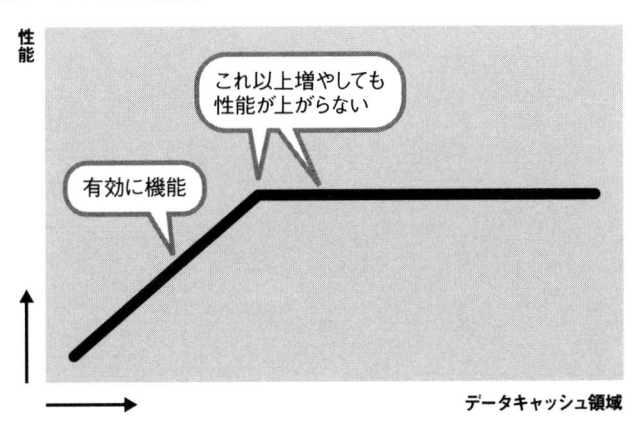

詳細な計算式はここでは割愛しますが、メモリ上にデータキャッシュ領域を増やすことは、ディスクからデータを読み取る場合に比べて割高なメモリが必要になり、コスト増を招くことになります。したがって、コストバランスを考慮したデータキャッシュサイズを考慮するようにしてください。

　さて、ここまで各コンポーネント単位で性能を考慮した設定について述べてきました。仮に、あらかじめ念入りに考えて設計やテストを行い、そのときは問題がなかった場合でも、運用フェーズにおいては、システム拡張が必要になる可能性をゼロにすることはできません。次節では、この「システムの拡張性」をいかにして確保すべきかという点について考察します。

システム拡張性の確保

　システムが使用するリソースのひっ迫等により、システムの拡張が必要と判断された場合、一般的には、スケールアップ、もしくはスケールアウトの何れかにて、対応を行うこととなります。

　スケールアップはサーバ単体の性能を上げる方法、スケールアウトはサーバの台数を増やす方法ですが、いずれもシステムの性能を上げる方法として用いられます。

　本節では、スケールアップ、もしくはスケールアウトによる具体的な対応方法と、対応を行う箇所の詳細について解説します。

システム拡張性の確保（その1）
―スケールアップとスケールアウト

　スケールアップとは、読んで字のごとく、サーバ単体のスケール（規模）を大きくする拡張方法です。具体的には、個々の部品（CPUやメモリなど）をより高性能なものに交換する、もしくは個々の部品をサーバ単位で増設する形で実現します。スケールアップの例を、**図5.2.1-1**に記載します。

図5.2.1-1 スケールアップの例

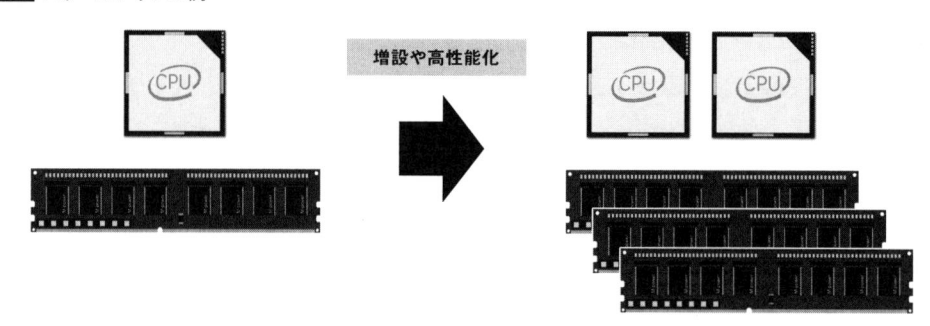

増設や高性能化

　一方、スケールアウトとは、これも読んで字のごとく、システムのスケール（規模）を別のサーバに分割（アウト）する拡張方法です。具体的には、同じ機能を持ったサーバを増設する形で実現します。スケールアウトの例を、**図5.2.1-2**に記載します。

図5.2.1-2 スケールアウトの例

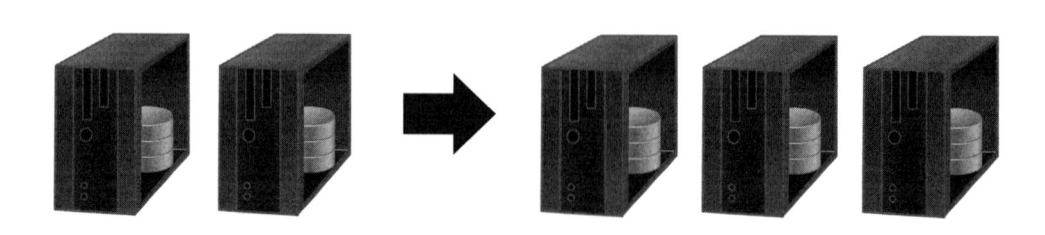

では、実際にシステム拡張を行う際は、どちらの方法で行えば良いのでしょうか。スケールアップ、スケールアウトどちらの方法にも、メリットおよびデメリットがあります。

・クラスタリングとの適性

　スケールアップの場合、サーバ特性に関係なくどのようなサーバにも適用可能ですが、スケールアウトの場合は並列クラスタ（第4章4.3.1項参照）にのみ適用可能です。したがって、HAクラスタ（第4章4.3.2項参照）で構成を行うことが一般的なサーバ（DBサーバ等）はスケールアップ向き、並列クラスタで構成を行うことが一般的なサーバ（Webサーバ等）はスケールアウト向きということができます。もちろん、並列クラスタのサーバをスケールアップで拡張することも可能です。

・コスト面での比較

　一方、スケールアウトを選択した場合、サーバの追加構築が必要になる、OSやミドルウエアのライセンスが追加で必要になる等の理由から、スケールアップでの対応と比較して相対的に実施コストが大きくなります。昨今はシステムに関する各企業のコスト管理が厳しいため、実際の現場では、スケールアップでの対応となることが圧倒的に多くなる傾向にあります。

　ただし、スケールアップによりCPUコア数が増加した場合、それに伴ってライセンス費用の追加が発生する場合もありますので、そのあたりは製品マニュアル等で確認するようにしてください。

・拡張内容による判断

　システムの利用ユーザ数の増加や、システム機能追加による処理の複雑化（ファイルの受け渡しの増加など）により、ディスクI/Oがボトルネックであると判断された場合は、スケールアップによる対応での改善は見込めませんので、必然的にスケールアウトを選択することになります。

　次節では、システムの拡張について、運用フェーズにおける発生事例とともにその具体的な拡張方法について考察を行っていきます。

関連テーマ

ハイパーコンバージド・インフラストラクチャ(HCI)とは?

最近のインフラ構成では、「仮想化基盤」が一般的になっています。仮想化のメリットは、サーバやネットワーク、ストレージといった有限な資源をより効率的に利用することができることですが、複数のサーバと外部ストレージ、それらを結ぶネットワークを構成するさまざまなハードウェアやソフトウェアの組み合わせから最適な構成を検討して導入することが求められ、管理や運用も煩雑なものとなっていました(**図1**)。

「仮想化基盤」をより簡便に実現する手段とし

て、コンバージド・インフラストラクチャ(CI)という製品が提案されています。これは、メーカーにより予め最適なサーバとネットワーク、ストレージ、ソフトウェア(仮想化ハイパーバイザなど)の構成が組み合わされた垂直統合型の製品となっており、1筐体の中で仮想的にデータセンターを構築することができます(**図2**)。

さらに近年では、表題の**ハイパーコンバージド・インフラストラクチャ**(HCI)と呼ばれる新しい概念の製品がさまざまなメーカーより提案されてきまし

図1 一般的なシステム

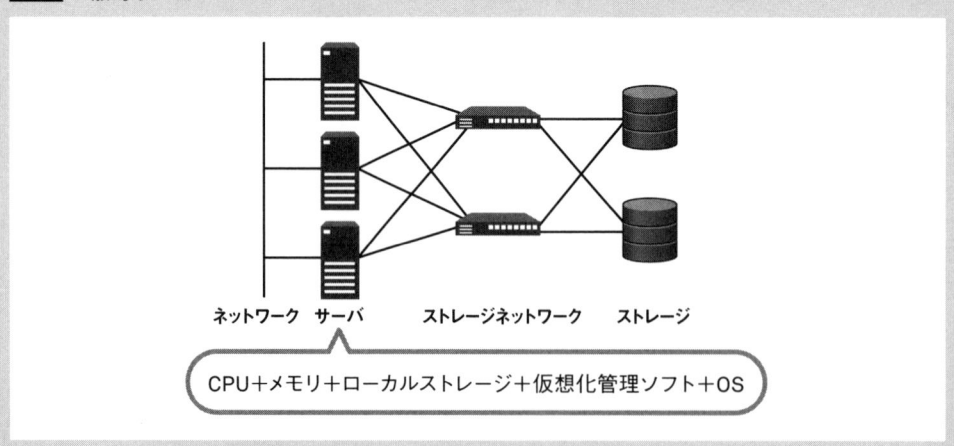

ネットワーク　サーバ　　　ストレージネットワーク　　ストレージ

CPU＋メモリ＋ローカルストレージ＋仮想化管理ソフト＋OS

図2 CI(コンバージド・インフラストラクチャ)

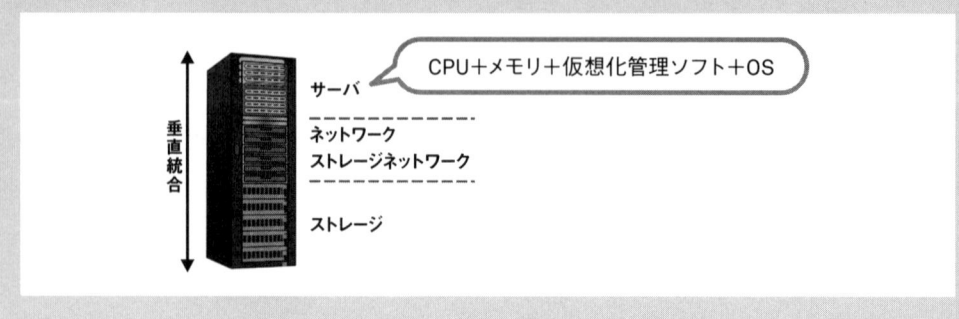

CPU＋メモリ＋仮想化管理ソフト＋OS

サーバ

垂直統合

ネットワーク
ストレージネットワーク

ストレージ

た。HCIとは、一般的なサーバ（CPU、メモリ、ローカルストレージ）に仮想化統合機能とSDS（Software Defined Storage）の機能を組み込んだ小型のアプライアンス製品として提供されることが多く、外部ストレージを使用せずに、組み込んだサーバのローカルストレージを共有・統合することで、1システムイメージでの運用を可能にするものです（図3）。

サーバ台数を増設するだけで、簡単にスケールアウトし必要なキャパシティーを確保することができます。CIよりもより柔軟に運用や管理のコストを削減でき、小規模な構成から大規模な構成まで対応することが可能です（図4）。

では、CIやHCIでは、一般的なインフラ設計は必要ないのでしょうか？

CIでは必要な構成を設計し、筐体の中で仮想インフラを構成する必要があります。HCIにおいてはサーバとストレージに関しての物理的な設計はほぼ不要となり、簡単にスケールアウトできるようになります。一方、金太郎飴的に同量のCPUとストレージが追加されて行くため、仮想デスクトップ（VDI）などには最適と言われていますが、データ量のみが増大して行くようなシステムには対応しづらい面があります。

これからのインフラ設計では、クラウドも含めて「どのような構成が最適か？」が重要であり、また、それぞれの構成に応じた「非機能要求の実現」が大切になってきます。

図3 HCI（ハイパーコンバージド・インフラストラクチャ）

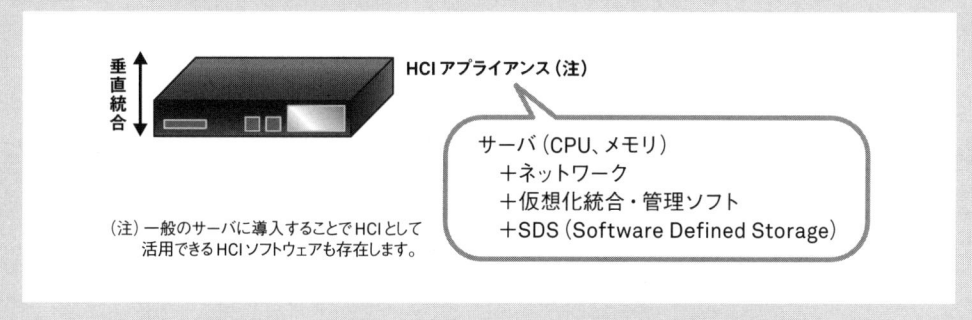

垂直統合

HCIアプライアンス（注）

サーバ（CPU、メモリ）
＋ネットワーク
＋仮想化統合・管理ソフト
＋SDS（Software Defined Storage）

（注）一般のサーバに導入することでHCIとして活用できるHCIソフトウェアも存在します。

図4 HCIのスケールアウト

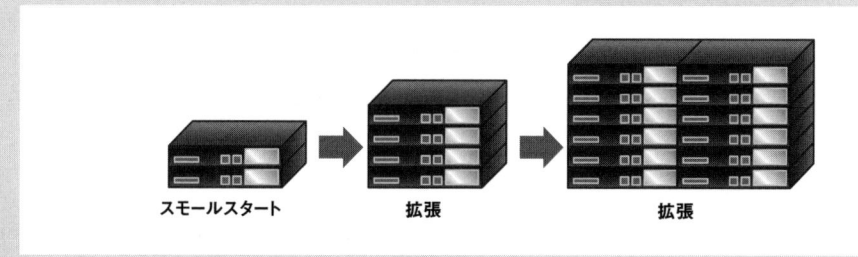

スモールスタート　　拡張　　拡張

2

システム拡張性の確保 (その2)
―運用フェーズにおけるシステム拡張の例

　本節では、システム運用開始後に発生しうる事象とともに、その対応例 (システム拡張の例) について解説します。なお、インフラ視点での事象例となりますので、業務アプリケーション自身の不具合については、本書では取り上げません。

　ここでは

- ケース1：システムのレスポンス悪化
- ケース2：ディスク領域の不足
- ケース3：業務機能拡張によるインフラ機能拡張の必要性

の3つのケースを例に解説を行っていきます。

ケース1：システムのレスポンス悪化

　まず、システムのレスポンス悪化の典型的な例として、「サービス開始当初は、クライアントブラウザからのボタン押下後反応が返ってくるまで2、3秒程度だったレスポンスが、時間の経過とともに遅くなり、10秒くらいかかるようになってしまった。」といったことが挙げられます。この場合、調査項目としては、以下のような点がチェックの対象となります。

- 利用ユーザ (トランザクション) の急激な増加はないか
- CPUやメモリの使用率は問題ないか
- Webアプリケーションサーバのヒープサイズ使用率は問題ないか
- データベースのデータキャッシュヒット率は高いレベルで安定しているか
- ネットワーク転送速度が問題になっていないか
- アプリケーション (AP) サーバやデータベース (DB) サーバのディスクI/Oが問題になっていないか

　といったところが挙げられます。もちろんシステムのレスポンス悪化はインフラ観点だけではなく、業務アプリケーション観点からの調査も必要です。最終的には業務アプリ

ケーション担当者と協力し、それぞれの担当範囲で処理時間がどのように推移していくか、業務アプリケーションがリソースを効率的に使用しているか、という点も交えて総合的に調査していくことになります。その前段として、「インフラ」視点に軸を置いた調査ポイントを概略化したものを、**図5.2.2-1** に記載します。

図5.2.2-1 調査のポイント

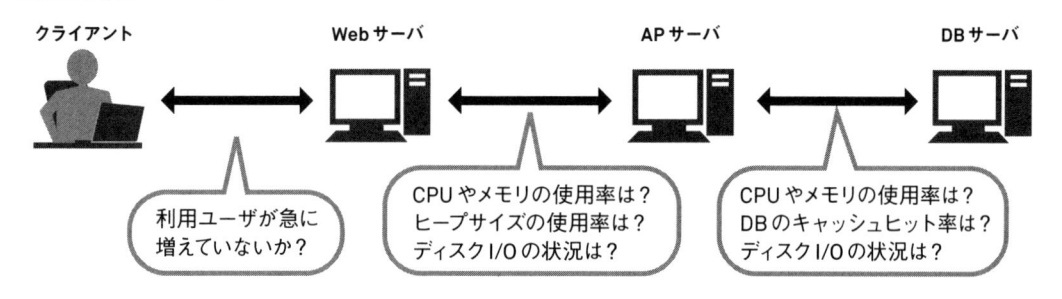

CPUやメモリの使用率がボトルネックとなっている可能性がある場合、まずはスケールアップによるリソースの増設を検討します。当該サーバの上限までリソースを拡張しても対応ができないと判断された場合、スケールアウトによるサーバ増設を検討します。

筐体の空きスロット数の関係でスケールアップが実施できない場合、CPUやメモリ自体を高性能なものに交換する手もあります。ただし、この場合は元々搭載されていたリソースも新しいものに交換する形となるため、通常のスケールアップに比べてコストが大幅に増加します。そのため、システムにて使用可能な予算を踏まえた上で、実施の要否を検討することが重要になってきます。たとえリソースに重要な問題がある場合でも、まずは予算の制限範囲の中で拡張方法を検討せざるを得ないといった事態は決して珍しくありません。

APサーバのヒープ領域サイズに問題がありそうな場合、ヒープ領域の拡張を検討しますが、ここで大事な点は

OSの使用メモリサイズ＋ヒープ領域　＜　当該サーバの物理メモリ量

としなければならない点です。これが逆転してしまうと、OSのページング機能（物理ディスクをメモリの代用として使用する機能）が働くことになります。物理ディスクのアクセス速度はメモリのアクセス速度と比較して非常に遅いため、性能が低下します。その結果、「ヒープ領

域を増やしてしまったためにレスポンスが悪くなる」などという事態も発生しますので、この点は十分に注意が必要です。ページング発生のイメージを、**図5.2.2-2** に記載します。

図5.2.2-2 ページング

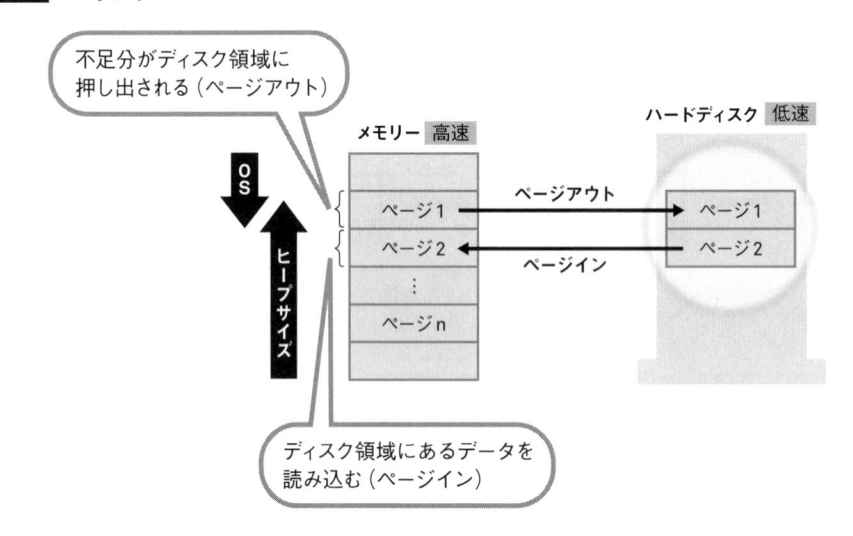

ヒープ領域拡張に使用できる物理メモリの空きが足りない場合は、スケールアップによる物理メモリを追加する対応を併せて行う必要があります。

また、ヒープ領域を増加させる場合は、同一の機能を持った全てのクラスタ対象アプリケーションサーバについて、同量の増設を行うようにします。同一機能のサーバでサイズがバラバラの状態で運用を行うと、次回の問題発生時の解析や対応が難しくなり、保守性が悪化します。

特定の業務が多くのヒープ領域を占有していることがある程度わかっている場合、新たにアプリケーションサーバを追加した上で、業務機能そのものをサーバ単位で分割してしまう方法もあります。業務機能分割のイメージを、**図5.2.2-3** に記載します。

図では、ひとつのサーバ内で、業務A、業務B、業務Cが稼働しており、業務Cが多くのヒープ領域を使用していることがわかっているため、新規にサーバを構築し、業務Cを別出しすることでヒープ使用効率を高める例を記載しています。このような配置とすることで、機能や処理ごとの性能を確保します。

図5.2.2-3 業務機能分割

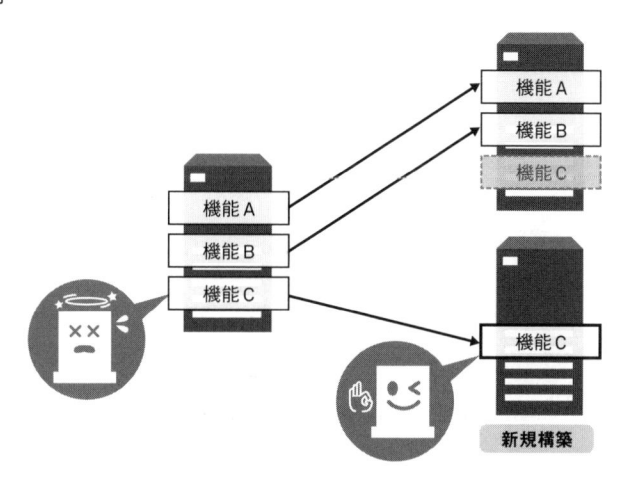

ただし、拡張方式としては、スケールアウトに近い形となるためスケールアップと比べてコストがかかります。また、業務によっては単純にサーバの移動を行うことが難しい場合がありますので、実施の際は、事前に業務チームと十分な協議およびテストを行うようにしてください。

データベースのデータのキャッシュヒット率が低下している場合は、データベースに格納するデータが想定より多くなり過ぎ、キャッシュ領域が不足していることが考えられるため、キャッシュ領域の拡張を検討します。この場合も、先刻記載したヒープサイズの拡張時と同様に拡張サイズが物理メモリの総量を超過しないよう注意する必要があります。総量を超えそうな場合は、スケールアップにより物理メモリの追加を行ったうえで拡張を行います。また、5.1.3項に記載のとおり、データキャッシュ領域については拡張を行ってもそれに比例してヒット率が上昇しなくなる一定のポイントが存在します。アクセス頻度やデータサイズにより最適値は異なりますので、標準的な値の設定は困難ですが、拡張の際には、この点を意識して行うようにしてください。

このほか、ネットワーク転送速度が問題であると判断された場合は、ネットワークケーブルを物理的に高速なものに交換するか、利用できる大きさ（帯域）を増加させる必要があります。ネットワーク経路は、通常複数のシステムで共用利用するケースが多く、ひとつのシステムが使用できる帯域に上限が設けられる場合が少なくありません。例えば10Gbpsのネットワーク経路を3つのシステムで共用している場合、各システムが使用で

きる帯域は2Gbps程度に制限されます。3つのシステムに合計で6Gbpsを割り振った場合、残りの4Gbpsは、今後の拡張性や新システムが搭載された場合に備えて予備領域として確保されます。ネットワーク帯域の使用イメージを**図5.2.2-4**に記載します。

図5.2.2-4 ネットワーク帯域の共用

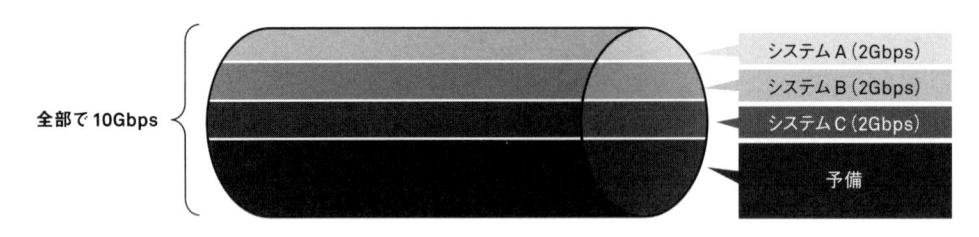

この図では、シンプルな記載としましたが、実際のネットワークの帯域制御は、非常に複雑で高度な制御により行われています。ここではその詳細部分については省略しますが、「1本のネットワーク回線の情報転送容量を、全て自システムで使用できるわけではないことが多い」という点に留意しておく必要があります。

また、回線の帯域(情報転送容量)を共用している以上、自システムの都合により帯域を拡張する場合や、全体の帯域を拡張する場合は、他の共用システム側との調整が必要となります。そのため、ネットワークI/O(入出力)に問題が発生した場合は、まず自システムで転送量を少なくする手だて(ファイルを圧縮して転送する等)がないか確認したうえで、帯域拡張を検討するようにします。

一方、場合によっては、ネットワーク帯域そのものが原因ではなく、ルータ(ゲートウェイ)の処理限界が要因になる場合もあります。**図5.2.2-5**のような構成例で説明します。

この例では、業務の処理遅延に関して調査を行っています。Webサーバ、APサーバおよびDBサーバのリソース使用状況が平常時とあまり差異がなく、遅延の原因となるような箇所が見受けられなかったため、ネットワーク機器を調査したところルータが処理限界に達していた場合の例です。このネットワークの場合、クライアントと各サーバ間の通信だけでなく、Web/APサーバとDBサーバとの間の通信もルータを経由する構成になっていたため、処理限界に達していました。この場合は、帯域の大きさの問題ではないため、ネットワーク経路の増設が必要となります。**図5.2.2-6**のような経路を追加することにより、ルータに対するトラフィック[*6]が減少し、全体の通信速度が向上します。

図5.2.2-5 ルータのボトルネック（問題発生時）

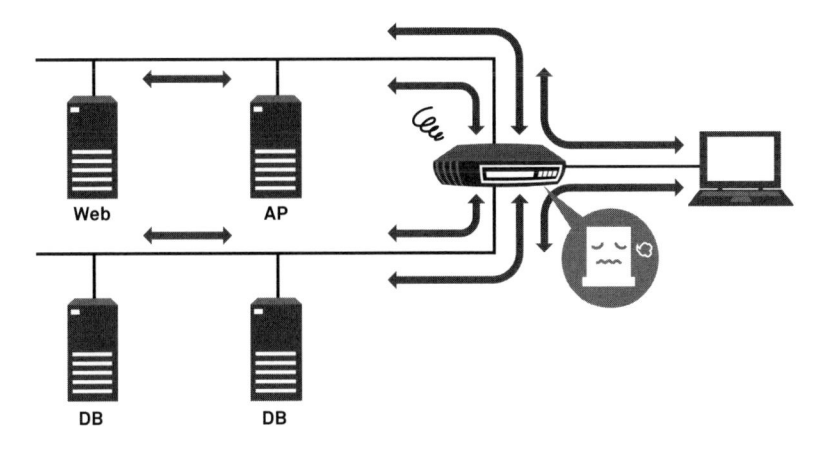

図5.2.2-6 ルータのボトルネック（問題解消後）

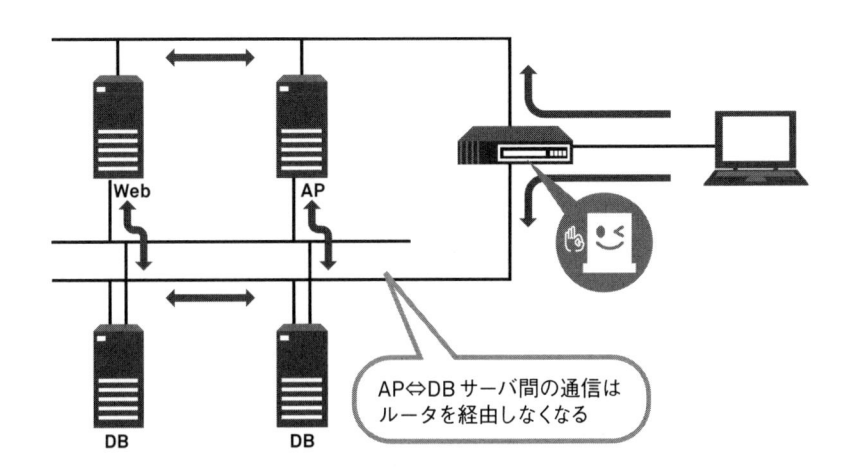

AP⇔DB サーバ間の通信は
ルータを経由しなくなる

　ただし、ルータにはファイアーウォール機能やトラフィック制御機能を備えているものもあり、これらの機能が働くことを期待して、あえてルータを通る経路構成としているケースがあります。このようなケースに備えて、ネットワーク増設を行い物理的に経路を変更する場合には、既存のネットワーク経路で何か特別な制御を行っていないかという点についても確認する必要があります。

---

*6　トラフィック：インターネットや LAN などのコンピューターなどの通信回線において、一定時間内にネットワーク上で転送されるデータ量を指す。

ディスクI/Oに問題があると判断された場合は、冒頭に記載のとおりスケールアップによる対応は難しく、スケールアウトによる対応を行う必要があります。ディスクI/Oはリソースの増強により改善できる性質のものではなく、単純にアクセス量を減らさなければ改善が難しいためです。

スケールアウトによりサーバ台数が増加し、1台あたりのアクセス量が負荷分散により減少し、サーバ単体のディスクI/Oも減少することとなります。

なお、近年の技術進歩で、ディスクアクセス効率は以前より格段に向上しているため、搭載されているディスクを丸ごと交換して高速化することにより対応することも可能です。しかし、この場合、格納されているデータをすべて新しいディスクに移行する必要が生じ、ディスクの組み直しに大きな手間とコストがかかる等の課題が生じることから、実際には対応が困難な場合が少なくありません。

図5.2.2-7が、ディスクI/Oボトルネックの例です。この場合、ディスクI/Oが多すぎてCPUが効率的に活用されず、利用者から見ると「処理が遅い」と感じることになります。

図5.2.2-7 ディスクI/Oボトルネック

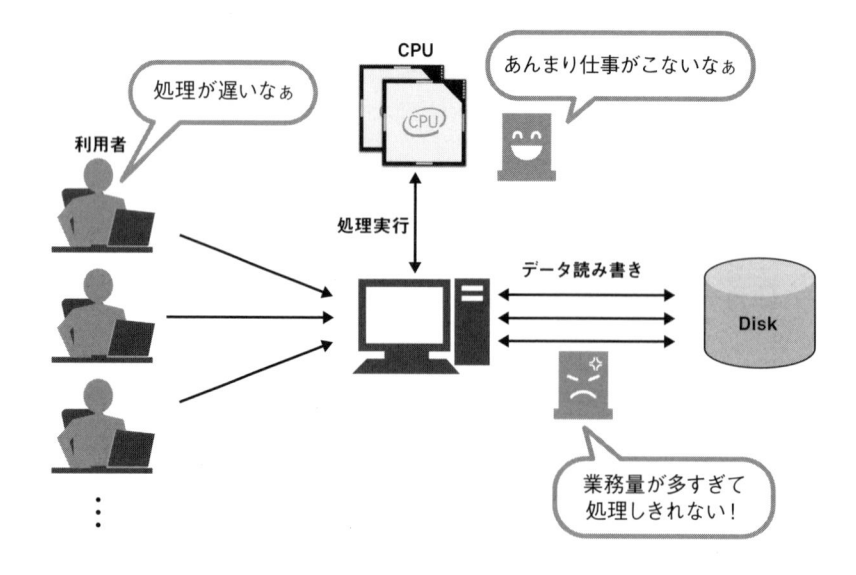

<u>ケース2：ディスク領域の不足</u>

ディスク領域の不足は、次のような場合にしばしば発生します。
・保管すべきデータ量、またはアプリケーションやソフトウエアの出力するログ量が、

当初想定よりも大幅に増えてしまった場合

・システム運用後の要件変更などにより、データやログの保管日数が増えた場合

通常はシステム運用開始時点でも、ディスク容量についてはある程度の余裕が見込まれている筈ですが、使用率がほぼ80%を超えてくると「要注意」、90%を超えてくると「増設が必要」と判断するのが一般的です。

ここで注意しなければならないのは、近年では、専用のディスク装置を1つ用意し、そのディスクと各サーバをファイバチャネルケーブル等で接続し、1つのディスク装置を複数のサーバで分け合って使用することが多いため、ディスクの総量に限りがある場合が多い点です。ディスク共用のイメージ図を、**図5.2.2-8**に記載します。

図5.2.2-8 ディスク共用のイメージ

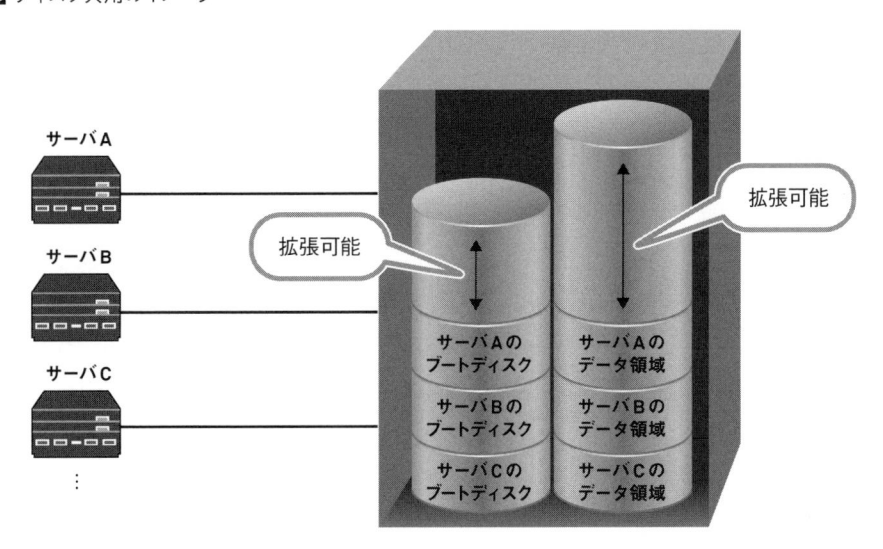

ディスクが格納された筐体をディスクアレイと呼びますが、このディスクアレイに搭載できるディスクの総量には上限があります。ディスクアレイの中の未割り当て領域を使用して増設できれば、さほど大きな手間にはなりません。一方、総量を超える領域を割り当てようとする場合、ディスクアレイの増設もあわせて必要となります。この場合、増設による影響範囲の調査、設計書などのドキュメント類の確認と更新、増設に必要な時間を見込んだスケジュール調整など多岐に渡る検討や作業のための時間が必要になってきます。

ディスクアレイは非常に物理サイズが大きく、増設となると、設置スペースの問題も発生します。既存のディスクアレイと共用する形で構成しようとすると、新規にディスク設計が必要となり、大きな手間とコストが発生します。

なお、サーバが個別にディスクを保持している場合はこの心配はありませんが、増設可能量は各サーバが保有しているディスクの空きスロット数に依存します。

ケース3：業務追加や業務機能拡張によるインフラ機能拡張の必要性

ここまでは、問題発生時や障害発生時の機能拡張について解説してきましたが、業務追加や業務機能拡張により、インフラの機能を拡張する必要性が発生する場合もあります。運用開始からシステムの終焉を迎えるまで、業務アプリケーションの機能に何ひとつ変化がないことは極めてまれで、時代の変遷やユーザのニーズにしたがって、運用中に何らかの機能拡張が実施されることは珍しくありません。業務の追加や機能拡張が行われれば、それを支えるインフラ側にも機能拡張が必要となります。

ケース1の考慮事項と重複する部分はありますが、業務機能の拡張実施時においては、インフラへの影響を考慮し（**図5.2.2-9**）、特に以下について検討しておく必要があります。

・機能拡張によりどの程度CPUやメモリの使用率が増加するのか

・機能拡張によるWebアプリケーションサーバのヒープサイズ追加は必要か

・データベースのテーブル増加等によるデータ量の急激な増加はないか

図5.2.2-9 業務追加に伴うインフラ考慮事項

CPUやメモリなどのリソースを追加する必要があると判断した場合は、スケールアップすることでリソースを増強します。業務機能拡張により利用ユーザ数の大幅な増加が見込まれる場合は、ディスクI/Oが性能限界値に達することも推測できることから、スケールアウトによるサーバ強化も併せて視野に入れて検討します。

システム拡張性の確保（その3）
─仮想化サーバによるシステム拡張

　最後に、仮想化サーバによるシステム拡張についても、少し触れておきます。

　仮想化サーバは、1台のサーバ（物理サーバ）の中に、複数の仮想的なサーバ（仮想化サーバ）を定義し、利用する仕組みです。それぞれの仮想化サーバでは、個別にOSやソフトウエアを実行させることができ、1台の物理サーバをあたかも複数の独立したサーバのように使用することができます。仮想化を行うためには、専用のソフトウエアが必要となります。仮想化サーバについてのイメージを、すべて物理サーバで構成した場合（現行システム）と比較する形で、**図5.2.3-1**に記載します。

図5.2.3-1 物理サーバと仮想化サーバ

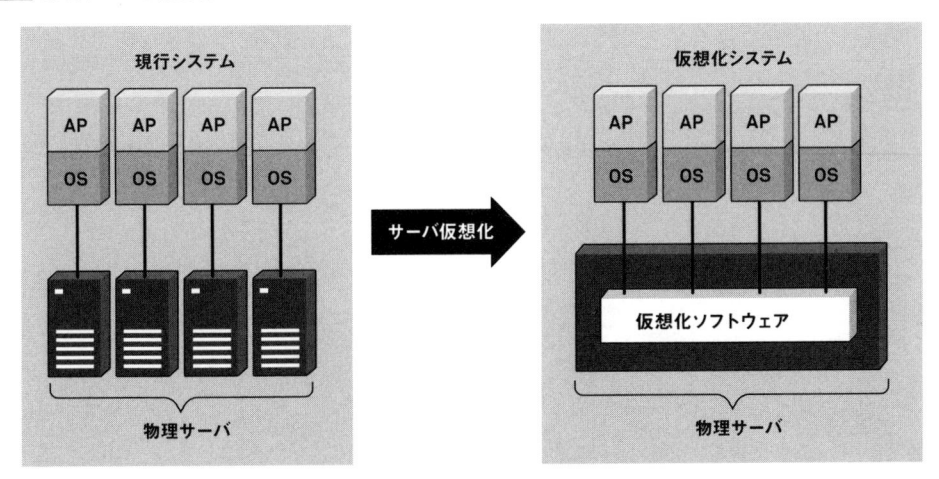

1. 仮想化サーバにおけるメリットとデメリット

　近年、インフラシステムの設計を実施する際には、仮想化構成を採るか否かが、必ずといっていいほど議論の対象になります。そこで、仮想化サーバによるシステム拡張方法を説明する前に、仮想化によるメリットおよびデメリットについても触れておきます。

（1）仮想化のメリット

仮想化サーバにおけるメリットとしては、主に次の点が挙げられます。

・サーバ台数削減による運用コスト軽減

・サーバ管理の簡素化

・リソースの有効活用

・古いOSやソフトウエアの延命が可能

前記の図5.2.3-1では、4台あった物理サーバを1台の物理サーバで稼働させるイメージとなっています。これにより、サーバの設置スペースや総消費電力、運用コストの削減（4台の管理から1台の管理へ）といったコストメリットを享受できます。さらには、物理サーバ台数が減ることにより、ハードウエア保守コストも削減することが可能です。

仮想化を行うソフトウエアにより、一般に、仮想化されたサーバは1台の物理サーバの上にファイル形式で定義されます。具体的にいうと、物理サーバ上のあるファイルに、「仮想サーバAには、CPUとメモリをこれだけ、ディスクをこれだけ搭載せよ」という形で定義すると、物理サーバ上に配置されたリソースから、仮想化ソフトウエアが必要な分を確保し、サーバが起動されるという仕組みです。仮想化リソース共用のイメージについて、**図5.2.3-2**に記載します。

図5.2.3-2 リソース共用

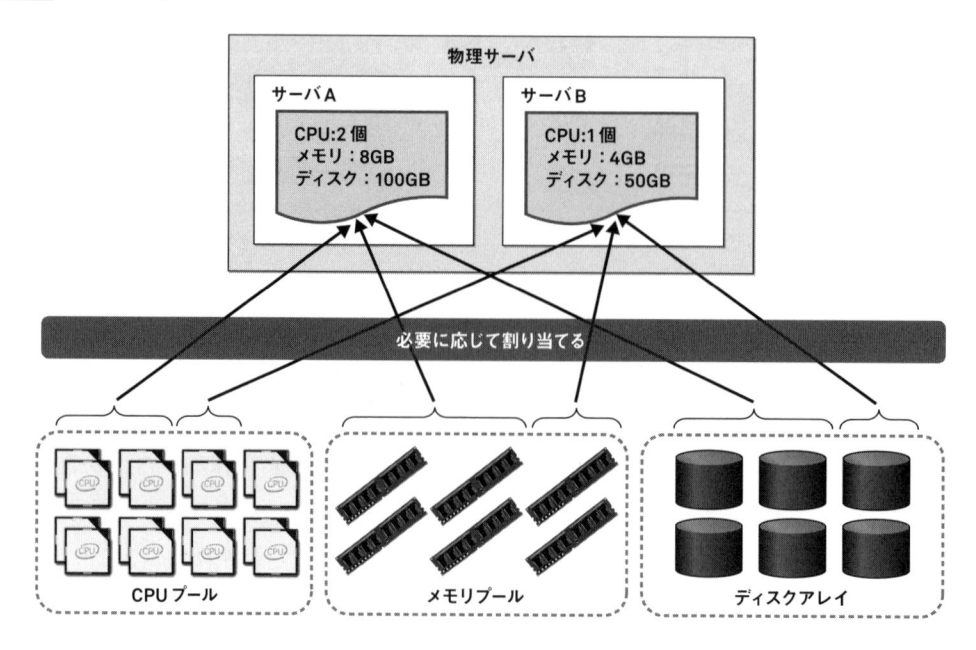

運用管理を行う側からすれば、物理リソースをすべてカプセルのように管理できるわけですから、管理作業の簡素化を図ることができます。仮想化されたサーバは同一の物理サーバ上で稼働する他の仮想サーバには影響を与えることがないため、万一仮想サーバがダウンしても、物理リソースが故障していなければ他の仮想サーバへの悪影響はありません。

　仮想化を行っていないサーバの場合、当該サーバに搭載したCPUやメモリといったリソースは、そのサーバでしか使用することができません。しかし、仮想化されたサーバでは、これらのリソースが仮想化ソフトウエアが導入された1台の物理サーバにすべて搭載されるため、共用利用することが可能となり、効率的に使用することができます。リソース有効活用のイメージを、**図5.2.3-3**に記載します。

図5.2.3-3 リソースの有効活用

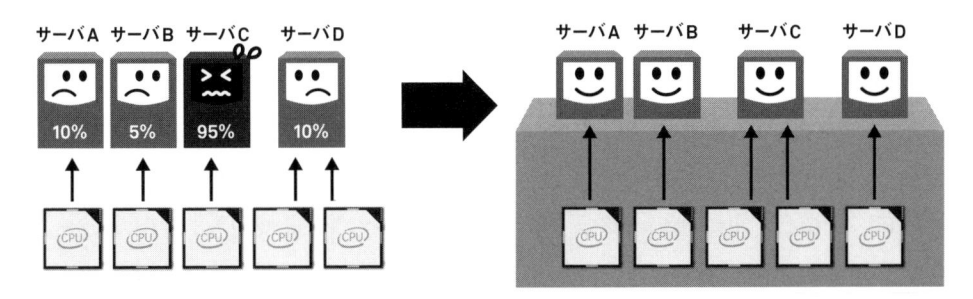

　図5.2.3-3では4台のサーバが稼働しており、サーバA〜Cまでには1つのCPU、サーバDには2つのCPUが搭載されています。CPU使用率をみてみると、サーバCが使用率95%となっており、かなりひっ迫しています。一方、サーバDにはCPUが2つ搭載されていますが、使用率は10%です。この場合、サーバDのCPUをサーバCで使用することができれば全てのサーバのCPU使用率を平準化することができますが、仮想化されていないサーバでは残念ながら自分自身に搭載されているCPUしか使用することができません。そのため、サーバCのCPU使用率問題を解消しようと思ったら、サーバCのCPUをスケールアップ対応にして強化する以外に方法はありません。

　しかし、仮想化されたサーバ構成下においてはCPUが1つの物理サーバに集約される形になりますので、サーバDで使用していたCPUを、サーバCに「移動」することが可能となり、リソースを有効活用することができます。

　さらに、仮想化ソフトウエアの種類によっては、1つの物理CPUを論理的に2つのサーバに0.5ずつといった形で分散して割り当てることも可能です。これを、マイクロパー

ティショニングと呼びます。マイクロパーティショニングは、本番環境と比較してリソース搭載量が制限されることの多い開発環境などで多く活用されます。

上記はCPUの例ですが、ほかのリソースについても同様に、サーバ間での割り当てを簡単に変更することが可能です。

これまで使用してきたOSやソフトウエアは、システム更改にあわせてバージョンアップされるのが一般的ですが、OSやソフトウエアを新しいものに交換する場合、まずは新旧バージョンの差異調査（新バージョンではどんな機能が追加になっているのか、同じコマンドを実施した場合の挙動の変化はないかなど）が必要になります。

この作業は、「言うは易し、行うは難し」の典型で、言葉で表すと単なる差分比較ですが、実際には比較対象の範囲が膨大で、OS 1つとってもその調査には何日もの日数が必要となることが少なくありません。

また、そのOS上で稼働するアプリケーションもそのまま使用することができず、カスタマイズが必要となるケースがほとんどで、カスタマイズとそれに伴うテストが必要となり、追加コストが必要となります。

こういった理由から、システムを更改する場合でも、これまで稼働していたOSやソフトウエアについては、更改後のシステムでも引き続きそのまま使用したい、といった要求が発生することもあります。しかし、時間の経過とともにハードウエアが進化し、結果として現在使用しているOSやソフトウエアがサポート対象外となってしまうと、バージョンアップを余儀なくされることになります。

こうした場合でも、仮想化サーバはハードウエアとの依存関係がありませんので、継続して現在使用しているOSやソフトウエアを稼働させることができます。加えてサーバのリソースは現行より強化されますので、性能を向上させられる可能性も出てきます。

(2) 仮想化のデメリット

ここまでメリットについていくつか取り上げてきました。これだけ見ると「仮想化はいいことだらけだ！今後のシステム構築はすべて仮想化で決まり！」と思ってしまうかもしれません。しかし、「この世に故障しない機械はない」とよく言われるとおり、「デメリットの存在しない技術もまた存在しない」と考えておくべきです。

仮想化のデメリットとしては、次の点が挙げられます。

・期待した性能が出ないことがある

・物理サーバにおける耐障害性（障害設計が複雑）

・仮想化に関する専門知識が必要

　仮想化によって構築されたサーバは、それぞれ独立したサーバとして稼働しているのですが、「1台の物理サーバのリソースを分割して構築している」という点に留意する必要があります。このため、単体の物理サーバと同程度のリソースを搭載している場合でも、単純に比較して、同一の性能を発揮できない可能性があります。

　また、障害に関して言うと、サーバ環境の物理障害が発生した場合、仮想化を行っていないシステムでは、影響を受けるのは障害が発生したサーバのみです。しかし、仮想化を行っている場合に「仮想化サーバを定義している物理サーバ」に障害が発生した場合、すべてのサーバが影響を受けます。そのため、耐障害性に関する設計を行う際、仮想化サーバ自身の冗長化に加え、仮想化サーバを定義している物理サーバに関する冗長化に関しても検討が必要となり、仮想化を行っていないシステムと比較して障害設計が複雑となります。

　仮想化システムを導入する際は、上記のメリットおよびデメリットを十分に比較検討したうえで、導入可否を決定するようにしてください。

2. 仮想化サーバにおける拡張性

　さて、ここから仮想化サーバにおける拡張性について記載します。

　仮想化サーバにおけるシステム拡張のアプローチについては、これまで記載した内容とほとんど変わりはありません。決定的に違うのは、その拡張方法です。メリットの項目でも触れましたが、仮想化サーバにおけるCPUやメモリ等のリソースは、すべて1か所に集約されて搭載されています。そのため、スケールアップ実施の際は（システム全体で未割り当てのリソースがあることを前提に）、そのつどリソースを追加する必要はなく、各仮想サーバのリソース量が記載された定義ファイルを書き換え、サーバを再起動するだけで作業が完了します。

　また、リモート作業でも実施できるため、作業員がわざわざデータセンターまで出向いて作業を行う必要もありません。近年では、サーバの再起動すら不要で、定義ファイルの書き換えだけで動的にリソース追加を行ってくれる仮想化ソフトウエアも存在します。この場合、システム停止、もしくは冗長化されたサーバを片方ずつ停止してリソース拡張を行うといった調整も必要ありません。

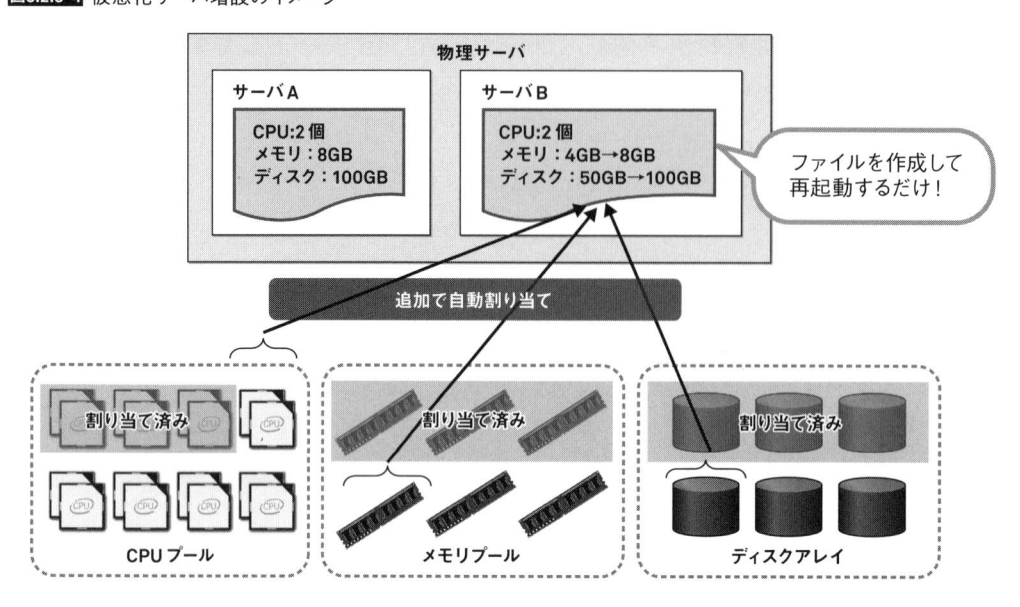

図5.2.3-4 仮想化サーバ増設のイメージ

図5.2.3-4が、仮想化サーバの拡張イメージです。この例では、サーバBに対して、以下の拡張を行っています。

・CPUを1コアから2コアへ拡張

・メモリを4GBから8GBへ拡張

・搭載するハードディスクを50GBから100GBへ拡張

図の通り、サーバBのリソース量が記載してある定義ファイルを書き換え、サーバの再起動を行うだけで拡張作業は完了します。

また、スケールアウトによるサーバ増設の例も、**図5.2.3-5**に記載します。

この例では、サーバBのスケールアウトを行い、新たにサーバCを作成しています。スケールアウト対象のサーバ定義ファイルをコピーし、ホスト名やネットワーク定義等を修正して起動するだけで増設完了となります（ただし、サーバ上のOSやソフトウエアについては、別途導入が必要となる場合があります）。リソースは各々のプールから未使用分が自動的に割り当てられるため、ハードウエアをデータセンターに追加設置する作業は不要で、各種初期設定についても新規構築と比較してかなり簡略化することができます。

今後も、仮想化サーバにおけるさまざまな技術革新が行われ、性能や耐障害性、セキュリティはさらに改善されていくことが予想されます。仮想化に関するスキルを保有した技術者も増えていくと思われます。そして、さらに現在多くの企業が抱えているITインフラ

図5.2.3-5 スケールアウトによるサーバ増設のイメージ

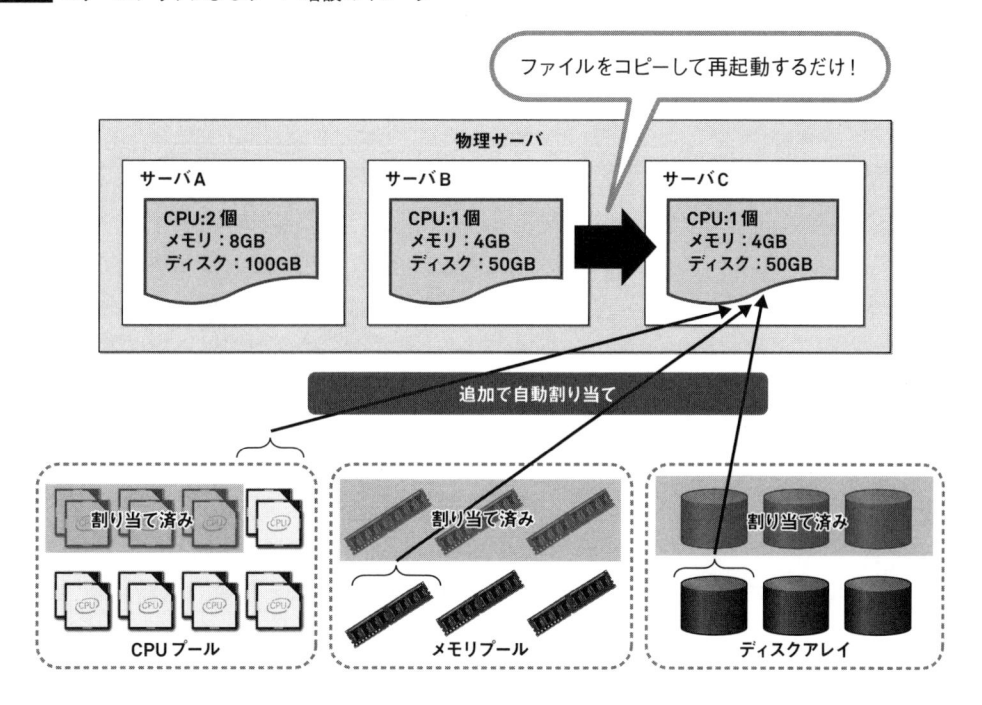

関連の問題が、仮想化に関連したツール類が整備されることにより、今後次々に解決されていくと思われます。

　本章のテーマであったシステム拡張についても、現在運用担当者により手動で行われている資源利用の監視や調整が、ある特定のルールのもとで自動的に行われることとなれば、現在よりも柔軟で拡張性の高い、統合的コンピューティング環境が実現可能になると考えられます。

　さて、ここまでどのようにしてシステムの性能を引き出すのか、システムの拡張を行う場合はどのような点を考慮すべきかといった内容について触れてきました。次章では、システムが実際に稼働を開始した後の「運用」について、設計段階においてはどのような考慮が必要になるのか、という点について解説していきます。

インフラの変化

2006年、Amazonがクラウドサービスである AWS（Amazon Web Services）の EC2（Elastic Compute 2）のサービスを開始した頃から本格的にクラウドの時代が始まりました。インフラに新たにクラウドという選択肢が加わりました。それまでは、インフラと言えばオンプレミスのデータセンタ内に置かれた各種サーバ上に構築されたシステム、または同様のハードウェアをベンダ各社が自社のデータセンタで提供するホスティングサービス位しかありませんでした。

ハードウェア上に載るソフトウェアも、以前は直接ハードウェアにOSをインストールし、いわゆるネイティブ環境で稼働させていたわけですが、現在では仮想環境が普及し、さらにはコンテナ上でOSとアプリケーションを動かしたり、また複数コンテナを統合的に管理して可用性を確保するという

ことが普通にできるようになりました。また、その環境をオンプレミスのプライベートな環境で構築することも、クラウドのパブリック、もしくはプライベートな専有環境（仮想化、ベアメタル）で構築することもできるわけです。前者はプライベートクラウドと呼ばれ、後者はパブリッククラウドと呼ばれています。また、その双方の環境を組み合わせてインフラを構築することも可能で、それは一般にハイブリッドクラウドと呼ばれています。

インフラ設計者は、ユーザの要件を聞き、これらのインフラの中から最適な組合せを選択しなければなりません。次々と出現する最新技術に常に目を光らせていなければならないわけです。少なくとも、先にユーザから最新技術について問い合わされた時「ああ不勉強ですみません」と答えるようでは、インフラ設計者としてはお粗末と言われるかもしれませんね。

図1 インフラの変化

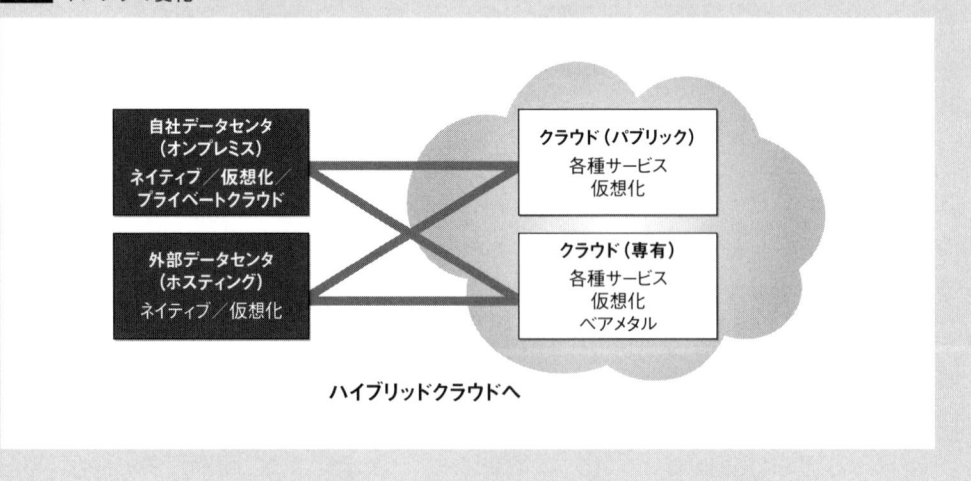

第6章

運用・保守性設計のセオリー

本章では、運用・保守性について解説します。そもそも、運用・保守性とはどのようなことを定義するのでしょうか。システムが無事に稼働を開始した後、運用部門によるシステム運用が始まります。ひとくちに運用と言っても、その内容は様々で、またシステムの特性により詳細は異なってきます。

　ここでは、まず各システム共通の一般的な運用における検討事項を、以下に例示します。

・システムとして何時から何時までをサービス提供時間とするのか？
・システム内の各種バックアップは、どのような内容をどの程度の頻度で取得し、どれくらいの期間保管すればいいのか？
・システムの監視は、具体的にどのように行えばいいのか？
・メンテナンス等でシステムを停止する場合の「システム停止時間」は、いつどのような時間帯になるのか？
・実運用は、どのようなサポート体制で実施していくのか？
・運用者の負荷を軽減するため、どのような部分を自動化するのか？

　本章の各節では、これらの検討事項について、それぞれのポイントを交えながら解説していきます。

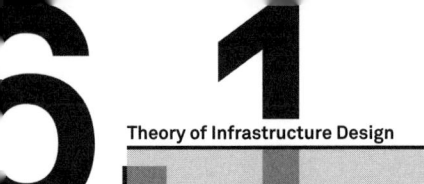

システム運用項目（1）

―運用時間

　システムの運用を検討する上で、真っ先に決めなければいけないのがシステムの運用時間（当該システムのサービスを利用者向けに提供する時間帯）です。その理由は、これ以降に検討が必要なすべての項目と関わりが深いからです。詳細は後述しますが、例えばバックアップの取得は、通常、システムの運用時間外に実施します。システムがどれくらい停止しているのかにより、バックアップの取得可能な時間が制限され、それに伴い取得可能な量も制限されていきます。システムの監視についても、例えば同じエラーであってもシステム運用時間内の発生であれば即時対応が必要ですが、システム運用時間外の発生であれば翌日の対応でも許容されることもあります。この場合は、運用コストも変わってきます。運用時間のイメージを、**図 6.1-1** に示します。

図6.1-1 運用時間

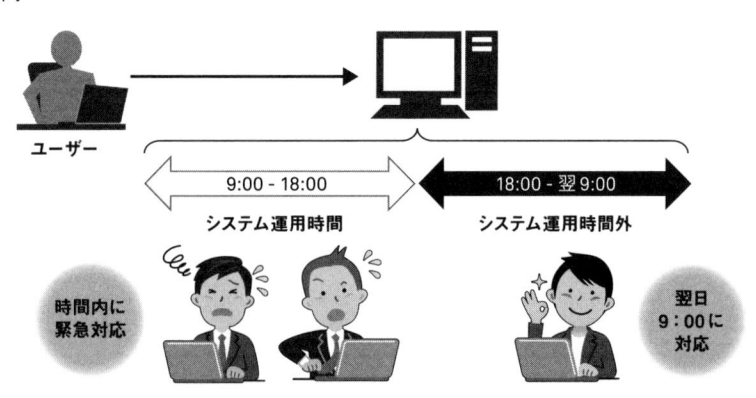

　このように、運用時間については、他の運用・保守要件と密接な関わりがあり、一度決めた時間を後で変更すると、様々なひずみや再検討の必要性が生じます。そのため、運用時間の検討は要件検討の序盤で実施しておき、後からの変更は様々な再検討が必要とな

り、追加コストや検討スケジュールの見直しとなってしまう可能性がある旨を、ユーザにも伝えておくことが必要です。

　また、運用時間を検討する際は、特定日の定義を行うか否かについても決定しておく必要があります。ここでいう特定日とは、通常運用とは異なる時間帯で運用させる日のことです。具体的には、毎日同じ運用を行うのか、週末は平日と比べて運用時間を短くするのか、あるいは盆休みやゴールデンウィークにシステムを完全停止するのかなど、通常と異なる運用日を定義するかしないかということになります。

　ここで注意しておきたいのは、その定義がシステムによって一意に決定できない場合は、後々の実装が難解なものになる可能性がある点です。

　図6.1-2 に記載のとおり、例えば「日曜日」や「毎月第1日」であれば、毎年変化のない定義のため、比較的実装は容易です。ところが、「盆休みの期間」や「ゴールデンウィーク」と定義してしまった場合、盆休みの期間は年によって日付が異なりますし、ゴールデンウィークは休日の日数や祝日の合間の平日が毎年異なります。こうなると、何らかの仕掛けを用いて、毎年運用担当者によるカレンダー等の更新が必要になったり、専用の仕組みが必要となることが想定され、実装が難解になります。

図6.1-2 実装の比較

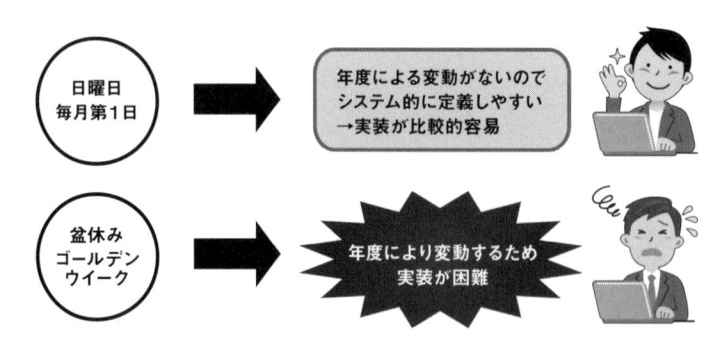

　ユーザの要望でどうしても、という場合は仕方ありませんが、その場合もこれらの理由をもとに実装や運用が複雑になる点を伝え、リスクとしてユーザとの共有を図ることが大事になります。

　システムの運用時間の検討に際しては、時間を決定することの他に、「運用時間外に発生したリクエスト」についての扱いも決めておく必要があります。

　図6.1-3 の例は、「SORRYページ」と呼ばれるページで、「今はこのシステムは時間外で使用できないので、サービス提供時間中にまた来てくださいね」ということを表しています。

図6.1-3 SORRYページ

　ただし、この画面を表示するためにはロードバランサやWebサーバ等で、ある時間になったらシステムへのリクエストを遮断してこのページを表示する、という特別な仕掛けを施す必要があります。SORRYページの表示のための設定イメージを、**図6.1-4**に示します。

図6.1-4 SORRYページ表示のための設定イメージ

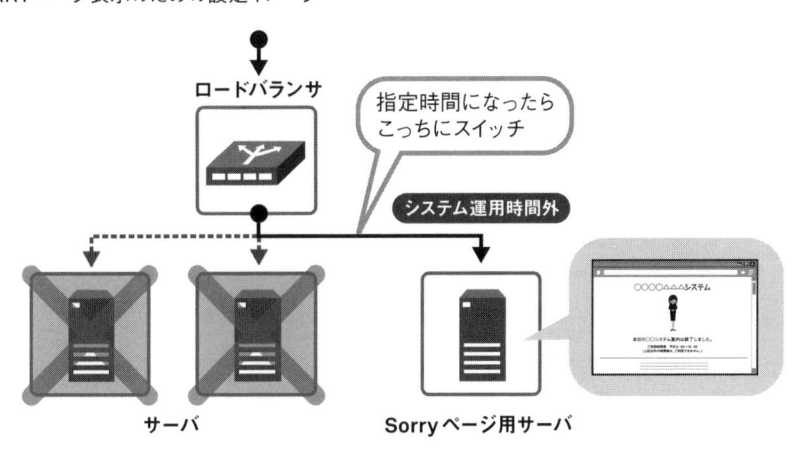

　社内システム等、特定のユーザに利用が限定されるシステムであれば、運用時間外のリクエストはエラーになるだけなので、特にこの仕掛けを施さないシステムも時々見かけます。簡単な仕掛けのようですが、実装には当然SORRYページに対応している機器の選定とSORRYページの準備、切り替えを仕掛ける設計およびテストが必要になります。そのため、システムの運用をデザインする際には、SORRYページの使用有無も重要な検討項目であるという点に留意する必要があります。

システム運用項目（2）
―システム停止時間

　「システム停止時間」は、「システム運用時間」と表裏の関係となる言葉です。通常、システムはサービス運用時間外であっても稼働自体は行われており、OSやソフトウェアが停止しているわけではありません。しかし、ハードウェアの保守作業やデータのメンテナンス、セキュリティパッチの適用等の実施のため、システムの稼働そのものを停止しなければ実施することのできない作業があります。このような作業を実施可能とする時間帯の定義が、**システム停止時間**となります。システム停止時間は、「システム運用時間外」とは意味が異なるので、注意してください。

　システム停止を伴う作業は、通常定期的に発生するものではありません。そのため、「計画停止」という形で事前に計画し、利用者に告知した上で実施することになります。

図6.2-1 計画停止のメッセージの例

　計画停止のメッセージの例を**図6.2-1**に示します。　前節に記載したSORRYページは、元々システムを使用できない時間帯にアナウンスするものでしたが、計画停止のメッセー

ジは、本来はシステムを使用できるはずの時間帯に、あえてシステムの停止を告知するアナウンスとなります。そのため、システム運用時間外に実施される計画停止であれば、利用者向けに改めてメッセージを発信する必要はありません。

　ただし、計画停止の場合は、システムがすべて停止しますので、事前に何も設計されていない状態だと、次の調整作業が事前に必要になってきます。

　・本来、その時間帯に実施されているバッチ処理の洗い出し

　　→代替手段の検討

　・別システムと連携しているシステムの場合はそのシステムとの調整

　　→当該時間の連携作業の停止、または時間変更の依頼

　これら調整作業のイメージを、**図6.2-2** に示します。

図6.2-2 計画停止時の調整作業の例

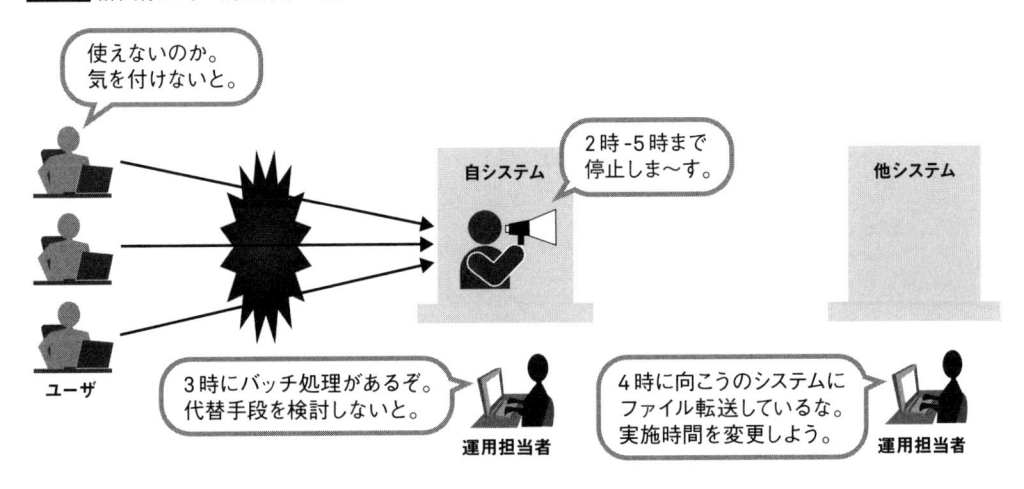

　上記のような調整事項を最小限にするためには、設計段階でシステム停止時間の存在を事前に定義しておくことです。その際、

　・後続局面のバッチを設計する際、当該時間のバッチ実行を制限しておく

　・他システムとのデータ連携を行う場合は、その時間を避けるようにする

　といった設計を事前に行っておくようにすれば、計画停止に対する運用負荷を大幅に削減することができます。

システム運用項目（3）
―バックアップ

　バックアップの検討は、運用・保守性の中でも極めて重要な項目となります。バックアップを取るには、何をどのように取得すべきか、あるいはどのような観点で行うべきかについての検討が必要となります。

　バックアップは、システムに問題が発生した際に利用する「保険」の役割を果たします。そのため、まずは「どのようなときにバックアップを使用する必要があるのか」について検討します。

　バックアップが使用される主なシチュエーションと、それに対応するために必要なバックアップを、**表6.3-1**に示します。

表6.3-1 バックアップが必要になるシチュエーションと、必要なバックアップ

No	シチュエーション	必要なバックアップ
1	システムに障害が発生した際の調査及び復旧	システムバックアップや製品バックアップ、解析用ログのバックアップ
2	何らかの不具合でデータが消えてしまった／誤更新された際のデータ復旧	データのバックアップ
3	システム監査目的のデータやログの長期保管	監査ログバックアップ

　システム特性によっては、上記以外に必要となる場合もありますが、概ねこれら3つのバックアップが必要となります。

　では、次項より、これらについてもう少し詳細に内容を見ていきます。

システムに障害が発生した際の調査及び復旧

システムに障害が発生した際のバックアップ利用イメージを、**図6.3.1-1**に示します。

図6.3.1-1 システムに障害が発生した際のバックアップ利用イメージ

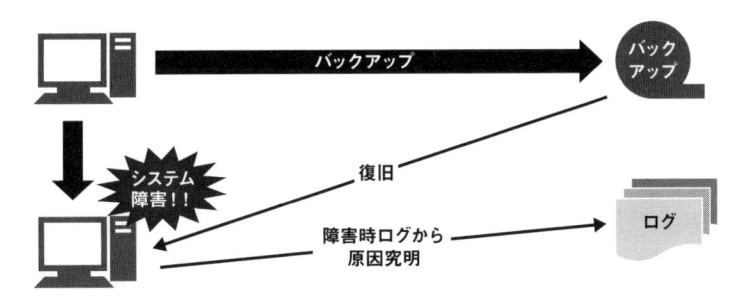

システムに障害が発生した場合、バックアップの取得状況により、どこまでシステムを戻すことができるかが決まります。例えばデータベースのバックアップなどは、最近ではリアルタイムに取得することも可能となっていますが、リアルタイムにバックアップを取ればバックアップに対するシステム負荷もリアルタイムで発生することになりますので、当然システムのパフォーマンスが低下します。バックアップを1日1回とすれば、障害発生時はデータがバックアップの最終取得ポイントまで戻ることになりますので、最大23時間59分59秒分のデータが失われる可能性がありますが、パフォーマンスへの影響は少なくなります。具体的には、**図6.3.1-2**のような相関関係となります。

　障害発生時に何をどこまで戻す必要があるのかは、構築するシステム特性によります。例えば銀行のオンラインシステムなどでは、少しでもデータが狂ってしまえば利用者が大混乱に陥り、社会的影響も大きいことが予想されるため、データの保全が最優先となります。逆に特定企業の人事システムであれば、仮に数日間のデータがなくなっても、その影響は社内に限定され、入力データが紙ベースで保管されていれば再度の手入力が可能であるかもしれません。そのため、まずはユーザと、「障害発生時にはどのポイントまで復旧できることを要件とするか」について合意します。

図6.3.1-2 バックアップとパフォーマンスの相関関係

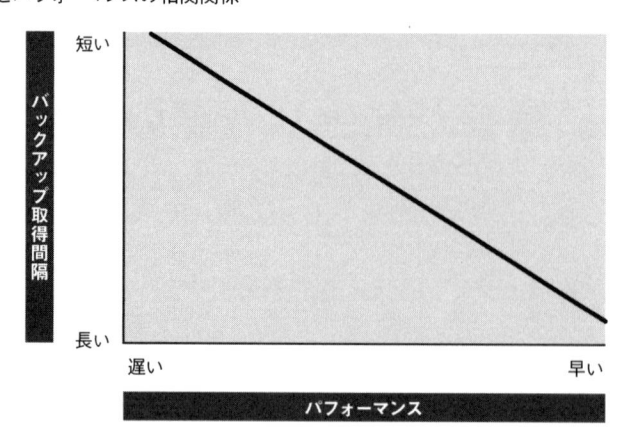

　バックアップの頻度とパフォーマンスは、どうしてもトレードオフの関係となりますので、システムの特性を考慮した上で最適な取得間隔を決定します。さらに、バックアップするものによっては、冒頭に記載したとおりシステムが停止している時間帯にしか取得できないものもあります。サーバのシステムバックアップなどが、これに相当します。そのため、取得にあたっては運用時間を考慮したうえで取得対象を決定することも必要です。

　また、障害発生時には、発生時間付近のログを参照して問題解析を行うことが必須になります。これについても、どの程度まで遡って解析を行う必要がありそうか、という点を考慮する必要があります。正常稼働時とのログ比較を実施する場合もありますので、最低でも1か月分、可能であれば3か月分程のログは保管しておきたいものです。

データの消去／誤更新の場合の復旧

なんらかの不具合でデータが消えてしまった場合や、データが誤って更新された場合の
バックアップ利用イメージを、**図6.3.2-1**に示します。

図6.3.2-1 データの消去／誤更新の際のバックアップ利用イメージ

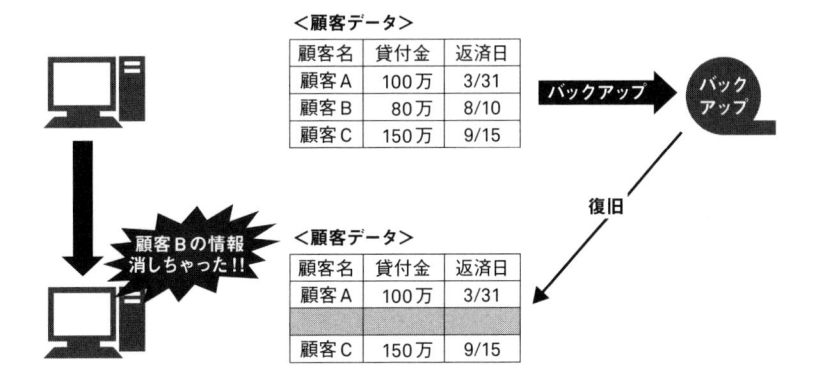

データ消去や誤更新に対応するためには、バックアップを何世代保管しておくかが重要
となります。例えばバックアップ取得が日次で、保管期間が2世代であった場合、「一昨日
の○○の更新は間違いだった！一昨日の状態に戻したい！」という要求があったとしても、
バックアップとして昨日分と本日分しかないために、戻すことができません。これを例で
表すと、**図6.3.2-2**のようになります。

　このような事態を防ぐため、「システムとして何日前のデータまで戻すことを可能に
するか」という点を、事前にユーザと合意しておく必要があります。

　ただし、バックアップを保管する以上は、それに対応するディスク容量が必要になりま
すので、保管する日数に比例して、必要となるディスク容量が増加する点も忘れてはなり
ません。データベースのバックアップなどの場合、例えば何千万人もの顧客データについ
ては、保管日数を1日増やすだけで必要なディスク容量が何百GB（ギガバイト）となる可能
性もありますので、注意が必要です。

図6.3.2-2 バックアップの世代不足の例

 ＜顧客データ＞

顧客名	貸付金	貸付残高	完済日
顧客A	100万	70万	3/31
顧客B	80万	80万	8/10
顧客C	150万	150万	9/15

1日目

顧客名	貸付金	貸付残高	完済日
顧客A	100万	70万	3/31
顧客B	80万	75万	8/10
顧客C	150万	130万	9/15

2日目

顧客名	貸付金	貸付残高	完済日
顧客A	100万	40万	3/31
顧客B	80万	60万	8/10
顧客C	150万	130万	9/15

3日目

顧客Bの貸付残高を1日目に戻したい！

システム利用者

バックアップがないので戻せません・・・

運用担当者

システム監査目的のデータやログの長期保管

システム監査目的のバックアップ利用イメージを、**図6.3.3-1**に示します。

図6.3.3-1 システム監査目的のバックアップ利用イメージ

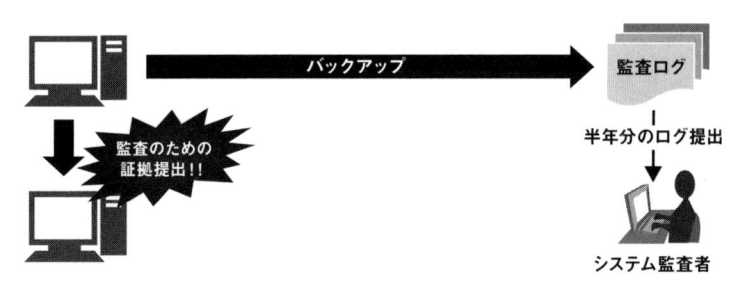

システムの監査目的の保管の場合、長期にわたる保持期間を設定する必要があります。「システム監査」については、具体的にどういった内容を指すのか、一般の技術者には馴染みの薄い項目となりがちです。インフラ構築の経験が長い技術者でも、具体的な内容はよくわからず、なんとなく重要そうなログだから長期保管している、という場合も少なくありません。

システム監査とは、「会社の情報システム環境の信頼性、安全性、有効性について監査する」ことです。この趣旨を別の言葉で言い換えると、「このシステムは問題なく安定稼働していますか？セキュリティは大丈夫ですか？不正は起きていませんか？」といった点を、このシステムに関わっていない「第三者」に評価してもらうことといえます。

具体的には、**図6.3.3-2**のようなフローにて、システム監査が行われます。ここで言う監査依頼者が会社の経営者、システム監査人が監査を行う第三者、監査対象部門が、当該システムを管理するシステム部門となります。

そして、監査実施に対する評価基準の根拠として、監査ログは重要な証拠になります。例えばシステムの「長期安定稼働」を立証するためには、監査目的のログは「長期間」必要となりますが、有用な証拠となり得ます。

図6.3.3-2 システム監査

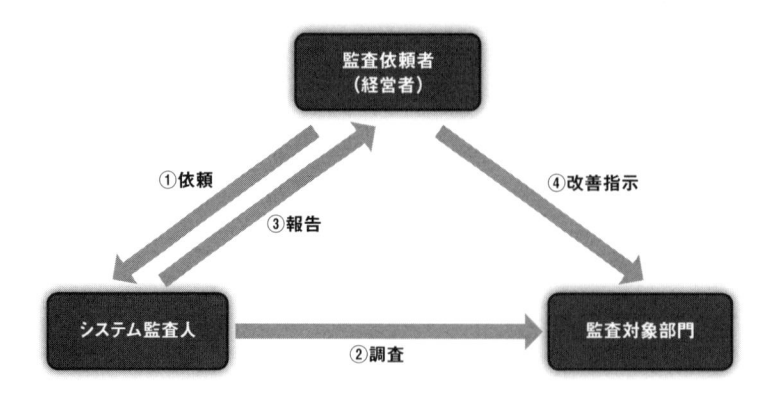

また、監査ログを長期間保管するのには、もう1つ理由があります。仮にシステムに対する不正が行われた場合、それが即座に発覚しない場合があり、場合によっては数か月や1年以上が経過してから発覚するケーもあり得ます。例えば、「不正に会社の顧客データベース（DB）にアクセスして個人情報を入手、その情報を転売し続けた結果が半年後になって発覚した」などといったニュースの場合は、まさしく「不正が後日発覚する」典型例です。不正開始から発覚までの一例を記載したものが、**図6.3.3-3**になります。

図6.3.3-3 不正の開始から発覚まで

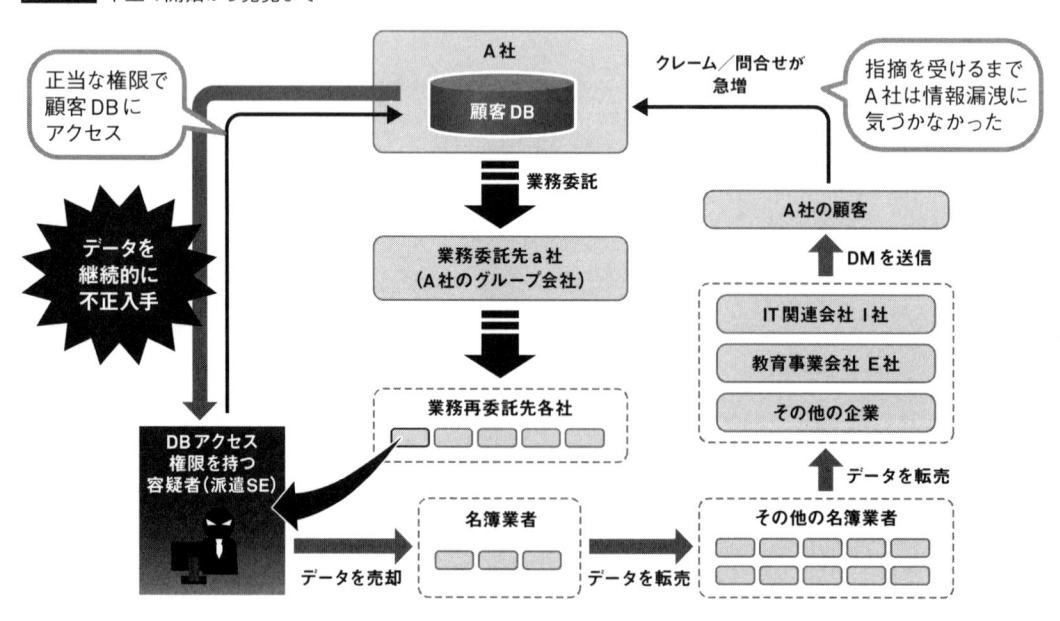

長期間に渡る不正を突き止めるためには、不正開始から発覚までのすべてのログを時系列にて調査し、事実確認を行う必要があります。この場合も、長期間のログ保管が必要となります。一方、その反面、非常に長期間にわたり、経年により使いものにならないようなデータを保管し続けた場合は、その容量がかさむだけで効果が薄れ、無駄な資源を保管し続けることになりかねません。検索にも膨大な時間がかかってしまいます。したがって、保管の期間については、組織やシステムの実状とのバランスを検討しつつ、適性な期間を見極めることも重要です。

　システム監査という目的からすれば、長く保管するに越したことはありませんので、一般には、システムの特性を考慮して最低でも1年、可能であれば3、4年分の監査ログは保管しておくと安心です。

6.4

システム運用項目（4）
―システム監視

　システム運用において、どのようなシステムでも必ず必要になってくるのが、「システム監視」です。システム監視が必要な理由は、「システムのサービスが正しく行われているか」を継続して確認する必要があるためです。4.1節でも触れましたが、この世に「絶対に故障しない」機械はありません。そのため、システムの安定稼働のためには、システム監視が運用上必須条件となります。

　本節では、具体的にどのようなポイントを、どのように監視すれば良いのかについて解説します。システム監視のイメージを、**図6.4-1**に示します。

図6.4-1 システム監視

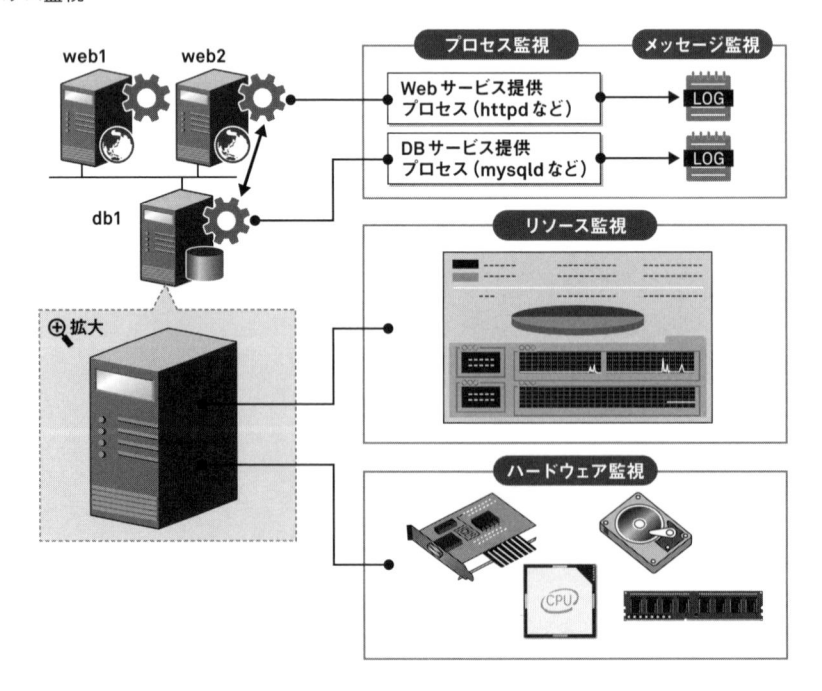

システムの監視項目は多岐にわたりますが、インフラとして実施しなければならないのは、次の5点です。

① プロセス監視

② メッセージ監視

③ リソース監視

④ ハードウェア監視

⑤ ジョブ監視

　これを、専用の監視ソフトウェアに定義した上で監視を行います（監視の仕組みは、独自のソフトウェアを作成して運用することも可能ですが、作成の負荷が大きくなるため専用のソフトウェアを導入するのが一般的です）。上記の項目のほかにも、ある特定のリクエストに対する応答が想定どおり返ってくるのかを確認する「サービス監視」が必要となりますが、これについては、インフラの領域で扱うよりも、むしろ各アプリケーションの範囲で扱われるのが一般的であるため、本書では割愛します。

　では、この5項目の監視について、以下、続けて解説します。

1. プロセス監視

　プロセス監視は、サービス継続のためにサーバ上で稼働し続ける必要のある特定のプロセスが、支障なく稼働しているかを確認する監視です。例えばWebサーバであればhttpプロセス、APサーバであればWebアプリケーション・サーバのプロセス（Javaプロセス）が、この監視対象のプロセスに該当します。一般には、搭載されているソフトウェアに依存して、監視対象のプロセスを決定することが多いため、それぞれ稼働するソフトウェアに応じて必要となるプロセスの種類や数を事前に確認しておき、監視対象とします。

　また、OS動作する上で稼働が必須となるプロセスもありますので、これも監視対象とします（対象となるプロセスは、OSにより異なります）。

　このほかにも、オリジナルやカスタマイズで作成した独自の仕組みをプロセスとして常時稼働させている場合などは、これも監視対象とする必要があります。

2. メッセージ監視

　メッセージ監視は、ログの監視に該当します。システムが稼働する上では、OSや製品が出力するログ、アプリケーションが出力するログなど様々なログが出力されます。システムに異常が発生した場合、上記いずれかのログにエラーメッセージが出力されますので、これを定期的に監視します。監視の際は、ログファイルごとに、それぞれ対応するメッセージまたはメッセージコードを定義します。監視の手順を、**図6.4-2** に示します。

図6.4-2 メッセージ監視

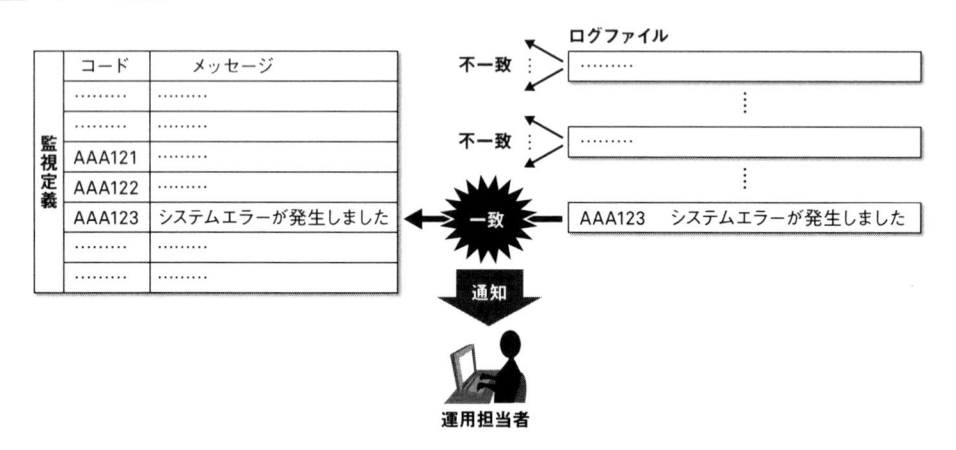

　ここで注意すべき事項としては、監視対象の選定があげられます。例えば、単純にコードがE（エラー）を含むメッセージを監視対象とした場合、結果としてシステムの挙動としては問題がない場合でも、1日に数十件のエラーが報告されるケースが生じ得ます。また、対応を取る必要のないエラーに混じって、実際に対応が必要なエラーが埋もれて見落とされてしまうこともあります。逆に、監視対象を絞り過ぎると、今度は本来対応が必要なメッセージが通知されず、システム障害の検知が遅れるという事象が発生します。このため、メッセージ監視における監視対象の選定の設定は、バランスを取るのが非常に難しい項目となります。

　実務では、監視登録の段階で、ある程度の大枠を監視対象としておき、実際に監視を始めてみてから、問題の有無と報告の要・不要を点検していき、不要なメッセージについては順次削ぎ落としていくのが一般的です。

3. リソース監視

　リソース監視は、システムを構成するサーバの CPU、メモリ、ディスク等の各種リソースが適切に使用されているかどうかを監視します。監視の基準として、一般的には、各リソースの使用率が用いられます。例えば CPU であれば、要件定義の段階で「CPU 使用率は○○％以下となるシステム構成を採用する」といった形で定義されますので、この値を超えることがないように監視を行います。

　そして監視結果として、ある通知が行われた場合、この通知が一時的なものだったのか、継続的に発生する可能性があるものなのかを見極めます。例えば、**図6.4-3** のように CPU 使用率が 95％ を記録した日の 1 日分の CPU 使用率を確認した結果、「システムログ等から通知が発生した時間帯のみ、一時的にシステム利用が集中している」ということであれば、発生原因の調査は必要ですが、緊急性は低いと判断することが可能です。

　ところが、**図6.4-4** のように「平均して CPU 使用率が高い状態で推移している」場合は、慢性的な CPU 不足となっている可能性がありますので、原因究明の上リソースの増設を検討する必要が出てきます。

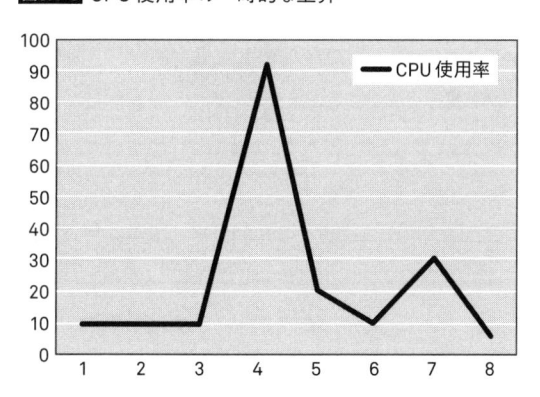

図6.4-3 CPU 使用率の一時的な上昇

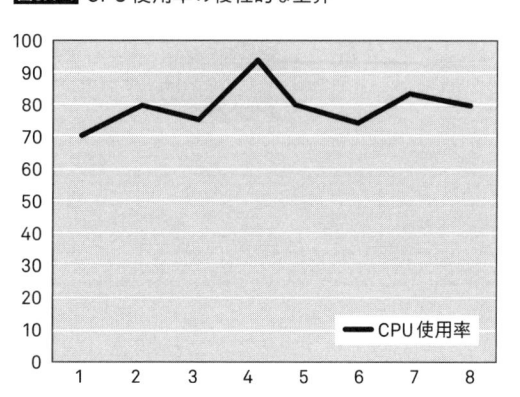

図6.4-4 CPU 使用率の慢性的な上昇

　そのため、設計段階では、例えば「CPU 使用率が○○％超過を○回連続して検出した場合は、CPU の増設を検討する」といったように、対象となる項目・事象の程度、発生の頻度をある程度明確に定め、その対応方法を具体化しておきます。

4. ハードウェア監視

ハードウェア監視では、当該システムで使用しているすべてのハードウェアが問題なく稼働し続けているかどうかを監視します。通常、ハードウェアに何らかの障害が発生した場合、一般的には、その障害発生を示す内容がログファイルに出力されます。ハードウェア監視では、これらログファイルにエラーが出ていないことを継続的に確認します。ただし、ハードウェア自体がダウンしてしまった場合は、当然ログファイルへの書き込みすら行えなくなってしまいますので、当該ハードウェアへの応答確認（死活監視といいます）も、並行して実施する必要があります。**図6.4-5**に具体例を示します。

図6.4-5 ハードウェア監視

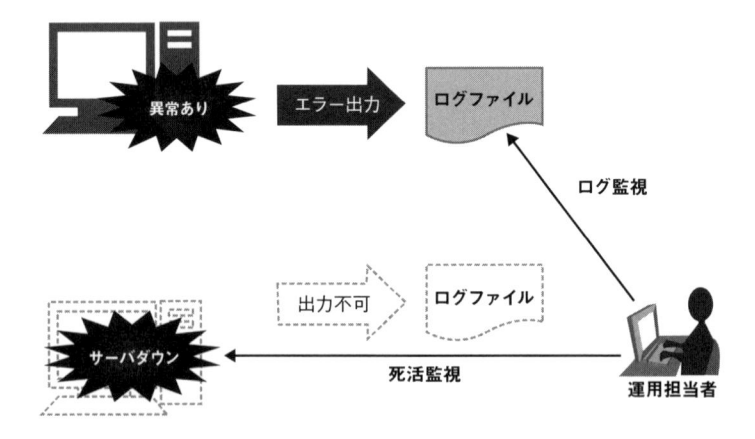

5. ジョブ監視

　ジョブ監視は、バッチ処理が予定した時刻に始まっている、あるいは予定された時刻までに完了している、といった定期的な実施処理が想定の時間内に開始／完了しているかどうかの監視です。

　ジョブ監視には、2つの目的があります。

　1つ目は、実行すべきジョブがすべて正常に実行され、正常に終了されているかの監視です。通常、ジョブはフローチャートのような構成になっており、特定のジョブが失敗すると後続のジョブが実行されないケースがあるため、全てのジョブが正常終了することを監視しておく必要があります。

　2つ目は、処理の遅延監視です。例えば自システムで3時までに作成したファイルを、4時までに他システムに送らなければいけない、といった要件がある場合、遅くとも4時前までには確実に自システムでファイルを作成しておく必要があります。しかし、システム負荷等の問題で処理が遅延した場合、こちらも特にエラーが出力されるわけではないので、監視を行っておかないと4時にファイルを送ることができず、ファイル転送先システムが混乱に陥る可能性があります。

　このように、監視では、単にエラーの有無を確認するだけでなく、スケジュールどおりに処理が動作しているかという、システムの運行状況を確認する役割も担っています。

運用・保守は、どこまで求められるのか?

システムの正常運営のために、運用・保守は、どこまで求められるのでしょうか。

ひとくちに運用・保守といっても、

・ユーザ側で業務を遂行するための業務運用、ユーザが対応できない事態に陥った場合にサポートするヘルプデスク
・稼働中のシステムを監視し、運用者に連絡を行う運用監視オペレータ
・システム障害のインシデントを管理し、障害の切り分けを行うサービスデスク
・実際の障害対応やメンテナンスを行う運用・保守担当者

など様々な役割を持った人が存在します。

実際、人の手を借りずにシステムを安定稼働させることができれば、サービス品質面、運用コスト面において、非常に理想的な運営ができます。しかし、多くのシステムではシステムリリース後、時間の経過と共にユーザ側から様々な要求が増え、想定以上にシステムが利用されることで予測していなかった不具合への対応や、構成変更による不測の事態への対応が必要になります。

システムの運用・保守に求められるものは、「いつ」、「何を」しないといけないのかを常時把握しておかなければならない点です。そのため、事前に開発側と以下の内容について確認しておく必要があります。

・システムの概要（どんなシステムなのか）
・スケジュール（どんなタスクがあり、いつごろ稼働する予定のシステムなのか）
・体制・役割・連絡フロー（現在の運用体制で運用することが可能か）
・運用手順（記載表現や運用側で判断を求められるような内容になっていないか）
・運用準備期間（運用オペレーションを習熟するための期間としてどのくらい必要か）
・サポート契約内容（障害時のサポート契約はどうなっているかなど）
・運用側からの要望（現行システムの不具合改修を取り込んでいるかなど）

運用・保守は、上記に記載のとおり、トラブル発生時に迅速に影響を切り分けたり、システムを復旧したり、関係者へのエスカレーションをしたりと様々な対応が必要になります。そのため、こういった初動対応スキルや問題解決力を活用して、システムやユーザの業務を安全に守ることが求められます。

システム運用項目（5）

─運用時の体制

　運用時の体制を、事前に検討しておくことも大変重要です。システム停止時間の項目でも述べましたが、通常システムはサービスを提供していない時間帯でも、稼働はしています。そのため、システム運用も通常は24時間体制で行われるのが一般的です。しかし、24時間運用担当者をセンターに常駐させる場合、日中のみの運用と比較すると2倍〜3倍の人的コストがかかります。システムの特性によっては、夜間は動いていないのだから有事の際は電話で担当者と連絡が取れれば問題ない、という形で要件が整理される場合もあるかもしれません。そのため、システム運用が開始される前に

　　・どのようなシステム運用体制を築けばよいのか

　　・運用要員の役割はどのように整理すればよいのか

について、ある程度合意しておく必要があります。

　システム運用体制については、運用するにあたっての体制図を必ず作成するようにしましょう。

図6.5-1 運用体制図

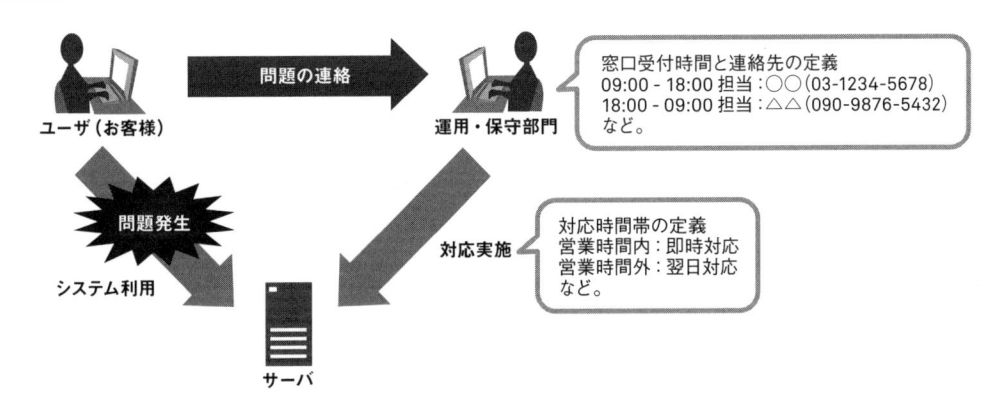

一例をあげると、**図6.5-1**のような図になります。どこにどんな要員が待機していて、有事の際にどのようなアクションを起こすかが一目でわかるようなものが良いです。後は、各運用要員がどのような役割を担っていて、連絡先がどこであるかの詳細もまとめておくと良いでしょう。ただし、こちらは「個人情報」をふんだんに含む資料となりますので、個人情報保護の観点から闇雲に公開してはなりません。ユーザには代表者（統括者）の連絡先のみ公開し、各担当者への連絡は、顧客から連絡を受けた担当者が実施するなどの配慮が必要です。

　運用要員の役割についても触れておきます。近年は、1つの企業であっても複数の業務システムを保有していることが一般的ですが、ここでよくありがちなのが各運用要員が特定のシステムに対する知識に偏りすぎていて、横断的にシステムを運用できなくなることです。

図6.5-2 運用担当者の分断

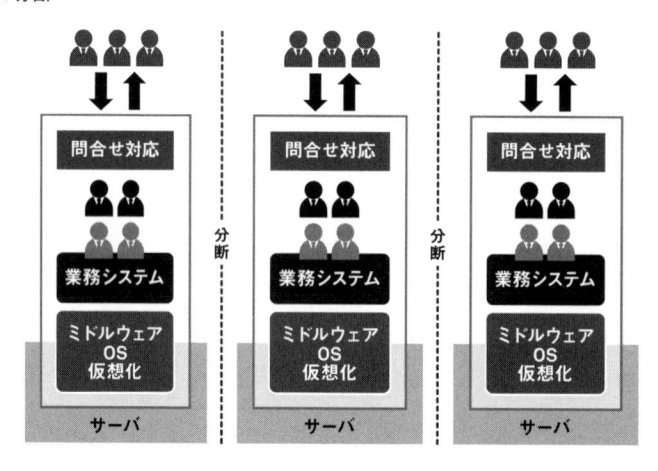

　図6.5-2の例では3つのシステムを挙げていますが、各業務システム毎に専属の運用担当者が問合せ対応を行っているケースです。これは、非常に効率が悪く、運用体制が硬直化しており、有事の際の相互協力もしづらい形です。

　図6.5-3のように、複数の担当者が複数のシステムを運用できる体制作りを行えるよう、事前にシステム運用部門と調整を行っておくことが重要です。

図6.5-3 運用担当者の横断的なシステム管理

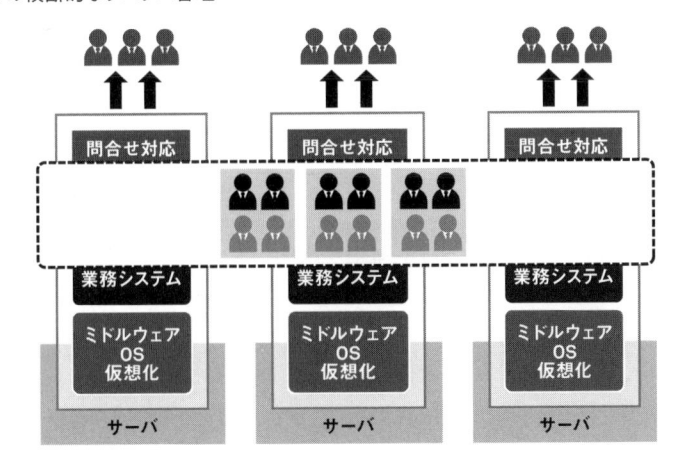

　さて、ここまでシステムの運用について解説してきましたが、「壊れない機械」が存在しないのと同様、「ミスをしない人間」も存在しません。どんなに熟練の運用担当者でも、人的ミスを起こす可能性は持っています。人的ミスは、単純なタイプミスから始まり、運用手順書の読み間違いや実施順番の誤りなど、基本的に「人の手」によって運用が行われたときに発生します。人的ミスを減らすためには、人の手による作業を減らすことが近道といえます。つまり、定型化された作業を「自動化」して、システムに実施を任す方法です。次節では、システム運用のために、自動化しておくと便利な項目に焦点を当てて、解説していきます。

システム運用機能の自動化

　システム運用を行う場合、運用に必要な作業については、すべて事前に運用手順書を作成し、その手順書に沿って運用担当者が作業を実施します。しかし、ある程度定型的な作業についてはツールを開発するよう設計しておき、活用することでシステム運用担当者の負荷を大きく軽減させることができ、前述した人的ミスの軽減にもつながります。

　自動化が可能となる機能はシステムにより異なりますが、一般に、ほとんどのシステムで実現可能となる機能として
　・各種製品の起動／停止の自動化
　・バックアップ取得の自動化
　・タスク実行順の自動化
　の3点が挙げられます。これらの自動化の詳細について、実例を交えながら解説していきます。

システム運用機能自動化の例（その1）
―各種製品の起動／停止の自動化

　製品の起動／停止を行う場合、一般的に、その製品が提供しているコマンドもしくはスクリプトを使用して実行します。通常の製品使用では、これで特に支障はありませんが、例えば、製品起動コマンドに複数のオプションや引数が必要な場合、1つのタイプミスでコマンドが失敗したり、想定外の挙動となる可能性があり、注意が必要です。

　これらコマンドのタイプミスなどを防ぐ方法として、1つのサーバに複数の起動プロセス（アプリケーションサーバ等）がある場合、本来は製品提供コマンドをその回数分実施しなければなりませんが、処理をまとめて実行する自動化スクリプトを作成しておけば、スクリプトを一度実行するだけで全てのプロセスを起動することができます。

　また、運用局面では、当該コマンドの実施後、実施結果を判定し、異常の場合はシステム監視経由でアラートを発報する必要があります。製品が提供するコマンドを実施した場合、システム監視のフォーマットと一致していない場合が多いため、適切な監視が行えない場合が生じます。この場合には、スクリプトでエラーメッセージをコード体系と紐付けて定義し、ログ出力させることで、安定した監視が可能となります。

　これらの自動化のイメージを、**図6.6.1-1**～**図6.6.1-3**に示します。

図6.6.1-1 起動／停止の自動化例1（スクリプトにコマンドを埋め込む）

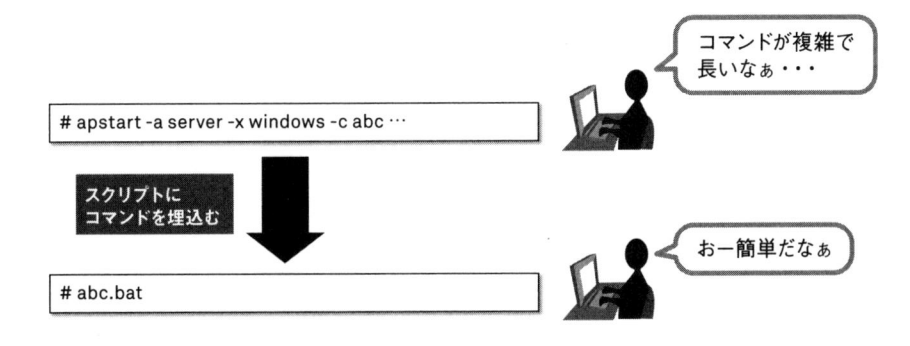

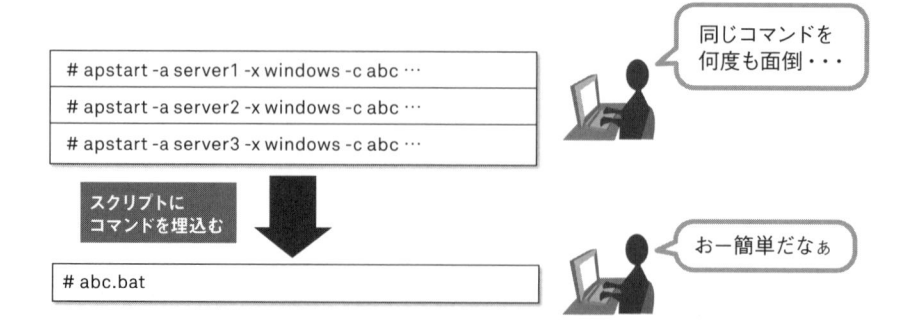

図6.6.1-2 起動／停止の自動化例2（スクリプトにコマンドを埋め込む）

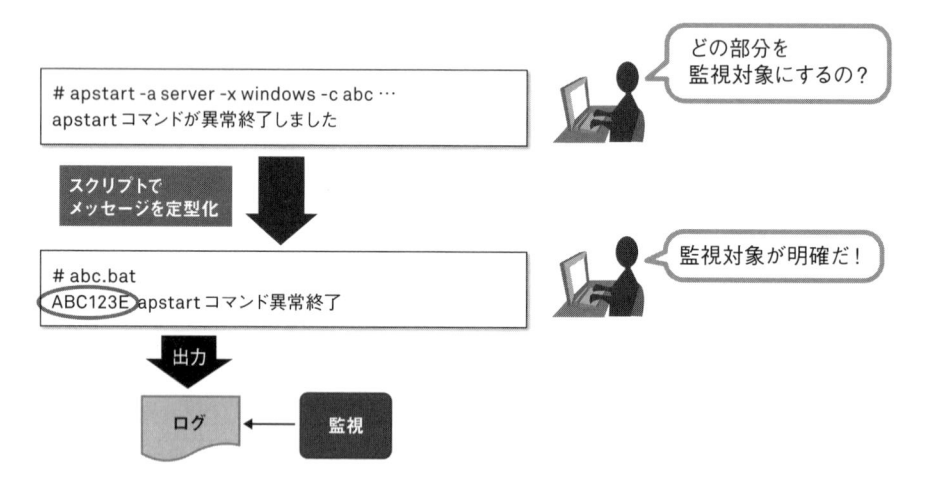

図6.6.1-3 起動／停止の自動化例3（スクリプトでメッセージを定型化）

　このほか、1つのサーバに複数個ミドルウエアが搭載されている場合、起動／停止コマンドを組み合わせることで、1回のコマンド実施で当該サーバ上の全てのミドルウエアの起動／停止を実施するように発展させることも可能です。

2

システム運用機能自動化の例（その2）
―バックアップ取得の自動化

　6.3節でも触れましたが、システム運用において、バックアップ取得の実施は必須運用項目といっても過言ではありません。バックアップについても、製品レベルでの取得であれば専用のコマンドが用意されていることが大半です。しかし、用意されているのはデータベースの内容や製品の構成情報といった「製品の中身や内容」のバックアップのためのコマンドが多く、出力されるログファイルや一時ファイルなどのメンテナンスは、利用者が自ら実施しなければならない場合が少なくありません。さらに、これに運用という観点が加わると、標準で使用できるコマンドであっても、その機能だけでは事足りないことが多いのも事実です。

　そこで、自動化を行うと、以下のような機能が実現できます（前項で記載した内容と同等（コマンドの簡略化等）のものは、ここでは除外します）。

　デフォルトのバックアップコマンドには、バックアップの世代管理（5世代取得したら、6世代目は削除する等）について考慮されていないものが多いため、自動化を行っておかないと、これを人手で実施することになってしまいます（**図6.6.2-1**）。

図6.6.2-1 バックアップの自動化例1（スクリプトにて世代管理実施）

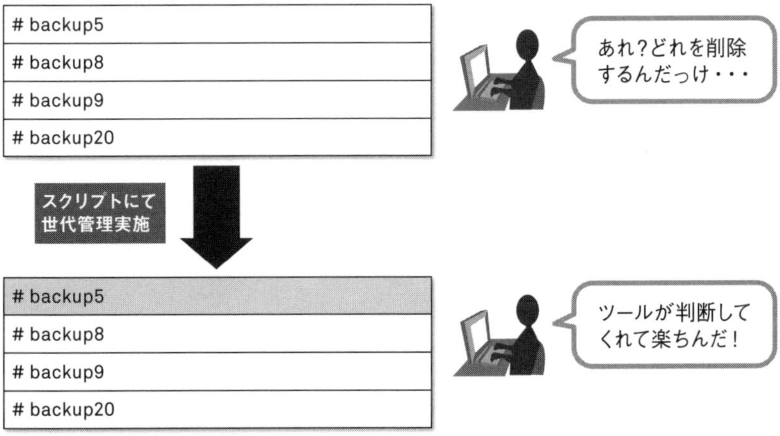

取得したバックアップは、場合によってはかなり大きなサイズとなることも多いですが、これが複数世代の保管となってくると、取得先のディスク容量に影響してくるため、ファイル圧縮等の対応が必要になってきます。しかし、バックアップコマンドを実行して、最後の圧縮作業までサポートしてくれる製品コマンドはまだまだ少なく、圧縮作業は運用で実施する必要が出てきます。スクリプト化を行ってバックアップと圧縮をセットで実施するようにしておけば、運用する側はコマンドを1回実施するだけで済みます（**図6.6.2-2**）。

図6.6.2-2 バックアップの自動化例2（スクリプトにて圧縮まで実施）

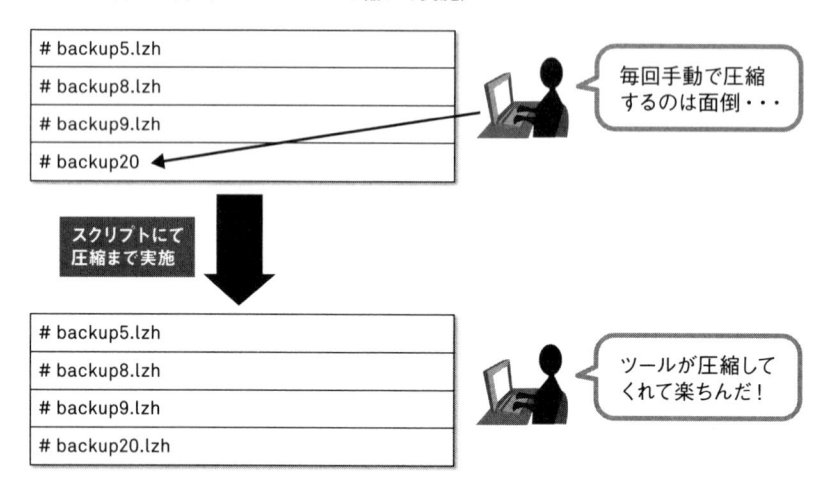

　システムの構成情報等であれば、現在の設定情報を取得し、別の領域に退避しておくことでバックアップは完了しますが、ログファイルとなるとそれだけでは済みません。ログファイルを所定の領域に退避したあと、当該ログファイルに対して

・削除するのか

・NULLクリア（0バイトクリア）を行うのか

・そのままにしておくのか

の、判断が必要になります。しかも、この判断はログファイルによりばらばらであることが多いため、メンテナンスを行うログファイルの数が多くなると、もう収拾がつきません。このあたりをスクリプト化して自動化することにより、運用担当者の負荷が軽減されます（**図6.6.2-3**）。

図6.6.2-3 バックアップの自動化例3（スクリプトですべて自動化）

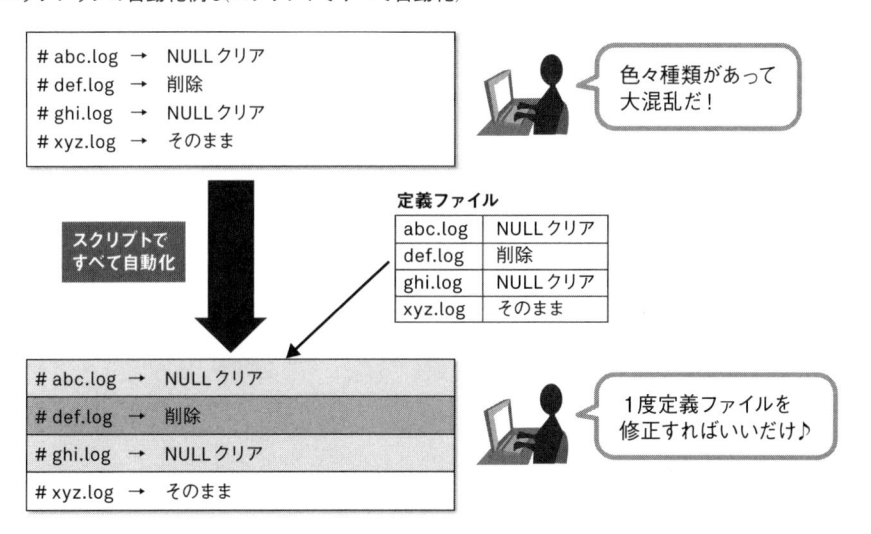

なお、バックアップに関しては、自動化処理が失敗することが多いため、注意を要します。

- ・テープデバイスやストレージの故障といったハードウェアの障害
- ・メディアの経年劣化
- ・メモリやディスク入出力などのシステムリソース不足
- ・アプリケーションからの割り込み

など、バックアップ機能は、失敗の要素が他と比べて格段に多いのが現状です。

例えば、ドライブやメディア障害などの恒常的な理由によってバックアップが中断された場合、再度バックアップが実行されても同じ場所で異常終了してしまい、いつまでたっても完全なバックアップが取られないままとなってしまいます。このような状態でシステム障害が発生し、バックアップが取られていない事態を迎えることは、絶対に避けなければなりません。

そのため、バックアップに関しては、必ずその完了確認を自動化機能の中に組み込み、完了メッセージが表示されていない場合は、その旨が運用担当者に連絡が行くようなフローとする必要があります。

バックアップは、定期的に実行されている処理でありながら、実際に利用されるのは発生頻度の低い障害発生時がほとんどとなります。このため、運用の長期化と共に確認も疎かになりがちです。しかし、有事の際には、最も頼らなければならない機能となるため、極めて重要な運用項目の1つとなります。

システム運用機能自動化の例（その3）
―タスク実行順の自動化

　運用局面においては、バッチ処理と呼ばれる毎日定期的にサーバ上で実行する処理がいくつか存在します。個別の各処理はスクリプト化されているのが一般的ですが、実行順が自動化されていない場合は、人的な運用手順にて実行することとなり、ミスにつながる可能性があります。

　また、処理によっては「ある処理が終わっていることを前提としている」といった前提条件が必要な処理も存在します。例えば、処理Aで特定の場所にリストファイルが作成され、処理Bは処理Aで作成されたファイルを入力として処理を行う場合などです。この場合も、自動化されていない場合は、処理Bの実施前に処理Aが完了している（もしくは所定のファイルが作成されている）ことを確認した上で実行する必要があり、結果として人的ミスにつながる可能性を秘めています。

　これらを自動化するため、各処理を順番に実行する親スクリプト（ラッパースクリプトといいます）を1つ作成し、ラッパースクリプトを実行することで全ての子スクリプトが実行されるようにすれば、前提条件の確認や実行順の制御はすべてラッパースクリプトが実施してくれることになります（**図6.6.3-1**）。

図6.6.3-1 タスク実行順の自動化例1（スクリプトにて処理順制御）

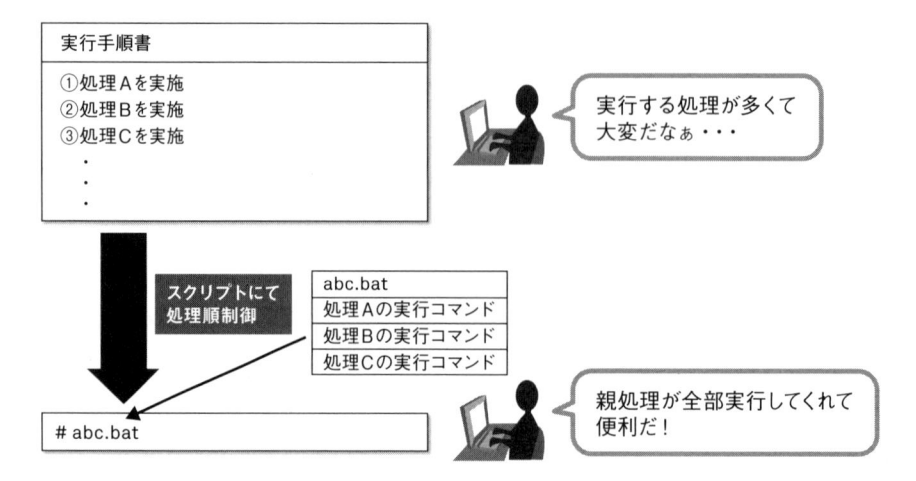

場合によっては、もっと複雑な実行順制御が求められ、スクリプトだけで対応するのは難しい場合があります。こういった場合は、ジョブスケジューラと呼ばれるジョブのスケジュール実行機能を搭載した専用ソフトウェアの利用が有効です（**図6.6.3-2**）。最近のジョブスケジューラソフトは設定も簡単で、機能も豊富です。

図6.6.3-2 タスク実行順の自動化例2（ジョブスケジューラを活用）

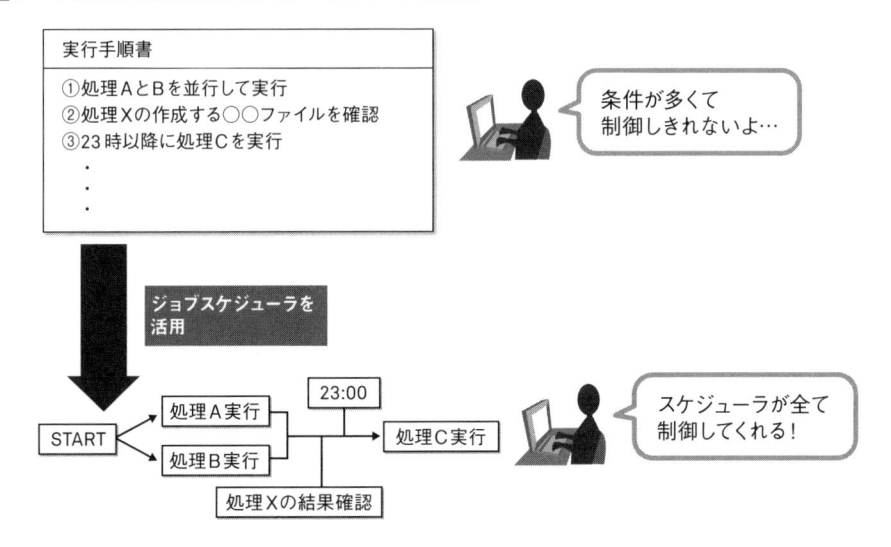

　以上、システムが実際に稼働を開始した後の「運用」に対する設計のポイントについて解説してきました。次章では、外部からの不正アクセスの防止、内部犯行による情報漏えいの対策といった、コンピュータシステムにおけるセキュリティ関連の設計について、解説していきます。

 関連テーマ

アプリケーション開発環境の変化

ビジネススピードの加速化に伴って、アプリケーションの開発サイクルも昔に比べて迅速さ（アジリティ）が求められています。

特に新規サービスの開発においては、ビジネスの企画段階ではリーンスタートアップと呼ばれる手法が取られることが多くなっています。それを受けたアプリケーションの開発段階もスピード重視のアジャイル的な開発スタイルが一般的です。動くものをいち早く開発して、ユーザの反応を確認し、短いサイクルでサービスをより最適な形にまとめ上げていく、という形をとります。

なかなか期待した成果が上げられないと、場合によっては立ち上げた新規サービスに見切りをつけ、別の新たなサービスに転換するといったビジネス判断も求められます。ビジネス部隊に、アプリケーションを提供する開発部門と運用部門の連携をスムーズに運ぶための DevOps[*1] という手法が求められるようになったのは、こういった背景からです。

インフラの多様化に伴って、アプリケーションの開発環境や開発スタイルも変化しています。「テスト駆動型開発を導入し、テスト自動化による開発効率の向上を図る」、「OSS のビルド、デプロイツール等を組み合わせた開発運用の自動化を図る」など、自動化を取り入れた新しい開発スタイルを実践できる環境が整ってきています。

これらに関する詳細は、インプレス IT Leaders と日本 OSS 推進フォーラムがまとめた「OSS 鳥瞰図」にまとめられています（図1）。

さらに、実運用時には、IT Automation と呼ばれる運用自動化ツールを活用することで、運用負荷の軽減と人手による運用ミスの削減を実現したり、アプリケーションパッケージやファイルのデプロイ機能を自動化することが可能になってきています。

運用部門の担当者も、自分たちが使う運用ツールに加えて、開発部門の利用する各種ツールについても概要を把握し、スムーズな連携が取れるようにしておくことが求められます。

---

*1 DevOps 開発（Development）と運用（Operations）を合わせた造語。開発者と運用担当者が連携した開発手法をいう。

図1 OSS鳥瞰図 2018年版

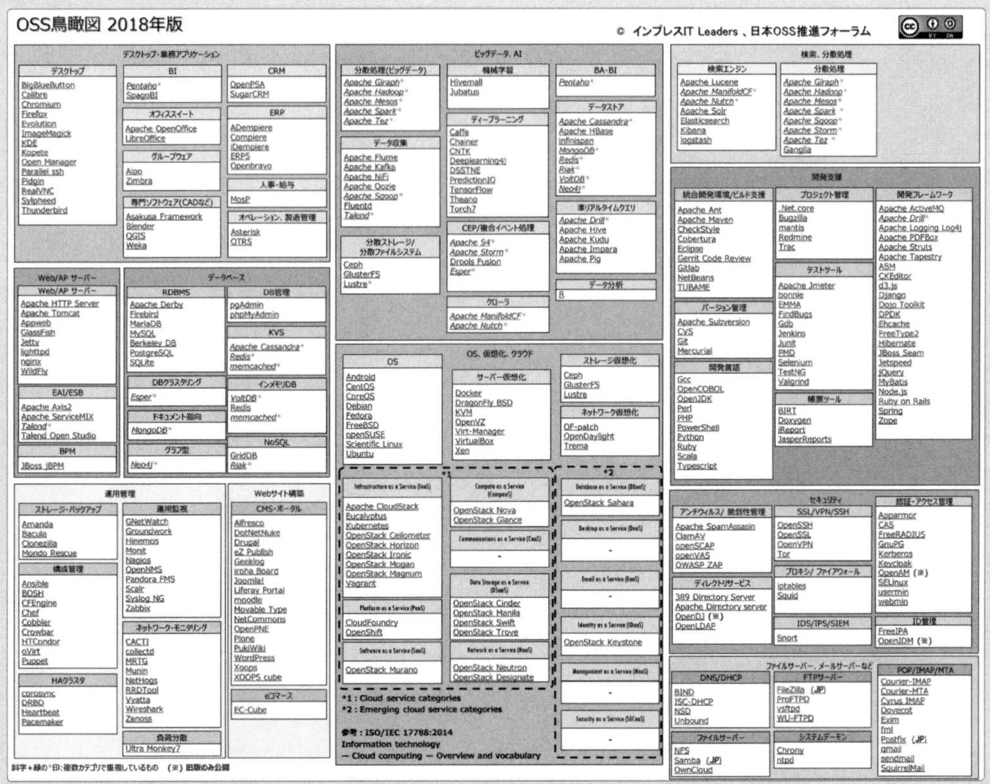

OSS鳥瞰図 2018年版　　　　© インプレスIT Leaders、日本OSS推進フォーラム

『OSS鳥瞰図 2018年版』（c インプレスIT Leaders、日本OSS推進フォーラム）より転載
http://ossforum.jp/jossfiles/2018年版OSS鳥瞰図.pdf

第7章

セキュリティ設計のセオリー

「セキュリティ」という言葉には、安全、保安、防衛、防護、治安、安心、保証、など様々な意味がありますが、IT上でセキュリティ上の脅威といえば、「情報漏洩」、「データの改ざんおよび破壊」、「業務サービス停止」の3つがあげられます。

　また、企業が保有する情報資産に求められるものとして、「情報の機密性」、「情報の完全性」、「情報の可用性」という特性があり、これらの3つを守ることが重要です。

　「情報漏洩」は、顧客や社員など個人を特定できる情報や、企業の経営情報など機密性の高い情報が第三者に流出することにより、プライバシーの侵害や個人情報や機密情報を悪用した不正行為を引き起こします。このため、「情報の機密性」を脅かす脅威となる可能性を秘めています。

　「データの改ざんおよび破壊」は、ホームページの改ざんや、組織内の人間による権限の範囲を超えたデータの持ち出しによって、企業ブランドの信用を落としたり、業務の遂行を妨害したりする恐れがあります。このため、「情報の完全性」を脅かす脅威となる可能性を秘めています。

　「業務サービス停止」は、インターネット上に公開されるサーバに対して、サーバの処理能力を超えるリクエストを大量に発行する攻撃（Dos攻撃といいます）を行い、サーバを過負荷状態にすることによって、正常な業務サービスを行えなくさせるものです。このため、「情報の可用性」を脅かす脅威となる可能性を秘めています。

　これらの脅威が企業にもたらす被害も、近年大きくなってきているのが現状であり、ここで解説する対策を複合的に組み合わせて実施することで、「情報の機密性」、「情報の完全性」、「情報の可用性」を守ることに繋がっていきます。

　セキュリティ対策をオフィス環境に当てはめた場合のイメージを、図7-1に示します。

図7-1 オフィスにおける複合的なセキュリティ対策

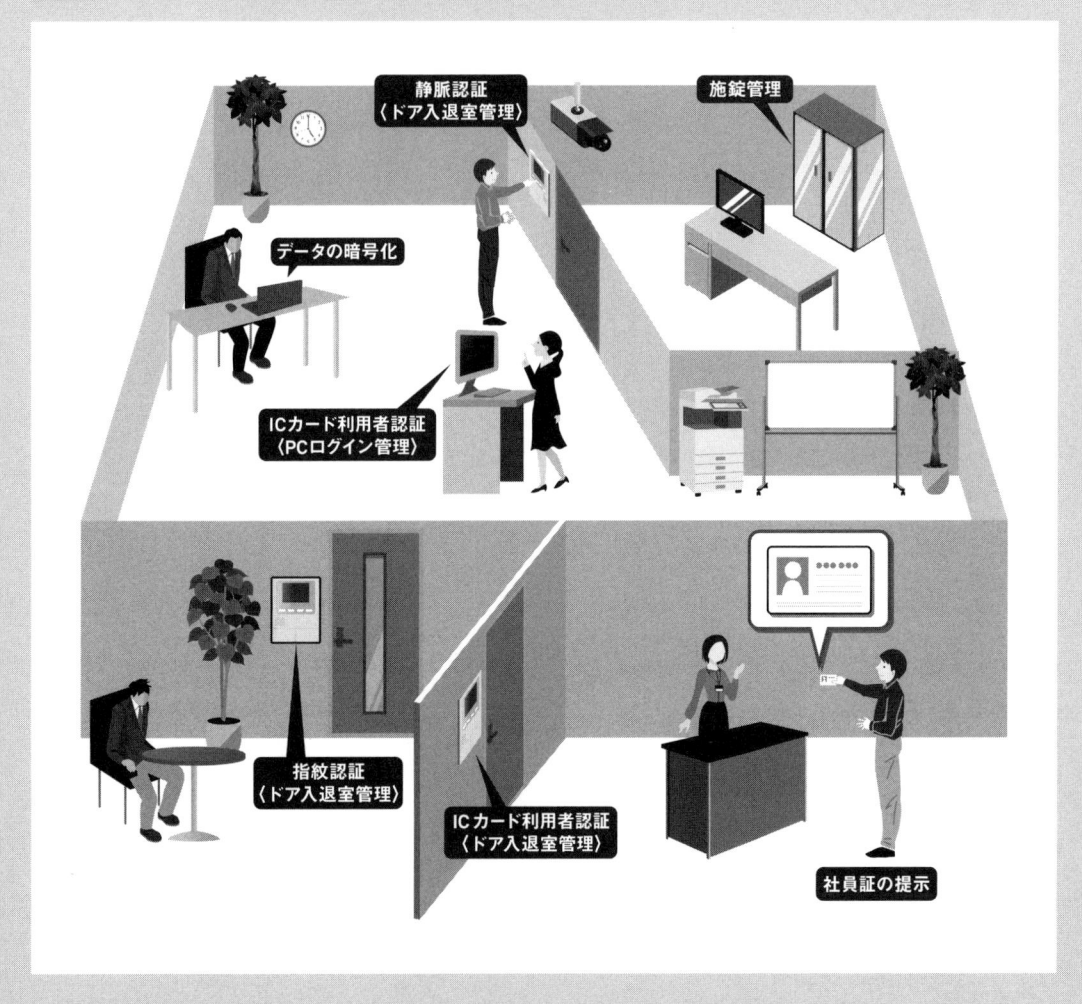

情報技術(IT)による対策

　情報技術(IT)による対策に関わるセキュリティ要件と想定される脅威を整理すると、**表7.1-1**のとおりとなります。

表7.1-1 セキュリティ要件と想定される脅威

	セキュリティ要件	想定される脅威
1	識別と認証	・何者かが他人になりすまし、取引を実行し、盗用が行われる
2	暗号化	・不正閲覧による情報漏洩 ・社外へ持ち出す際の紛失・盗難による情報漏洩 ・外部のネットワークへ機密性の高いデータを転送する際の通信経路上での盗聴による情報漏洩
3	通信制御	・外部からの不正侵入によるシステム破壊やデータ流出 ・大量な接続要求に伴うDoS攻撃
4	監視・監査	・情報システムに対する不正行為 ・侵入者による不正アクセス
5	セキュリティリスク管理	・システム内部にある隠れた欠陥(バグ)やネットワーク境界の適切な防御の欠如、不備に伴う風評被害、損害賠償負担、信用の失墜、機会損失
6	ウイルス・マルウェア対策	・ウイルスやワーム等に感染することによる予期せぬ情報漏洩 ・サーバ内の情報が改ざんされることによる一般ユーザに攻撃をしかけるなりすまし被害

　では、これらのセキュリティ要件について、次節からより詳細に検討していきます。

識別と認証

本節では、「識別」と「認証」というものがどのようなものであるか見ていきます。

識別 (Identification) は、一個人が誰であるかを一意に特定できる情報です。

識別に使われる情報としては、主にユーザ名やID、メールアドレス、ICカード、キャッシュカード上の利用者特定情報などが該当します。

認証 (Authentication) は、識別に使われた情報をもとに、当該の人物がユーザ本人であることを証明することです。認証に使われる情報としては、パスワード、認証カード、生体情報（指紋、虹彩、バイオメトリックス情報）などが該当します。

「識別と認証」に関わる脅威として想定されるものに、「なりすまし」があげられます。**図7.2-1** のように、利用者が個人のユーザIDに対して誕生日などの簡単なパスワードを設定していたりすると、悪意を持った第三者にパスワード情報を特定され、利用されてしまう可能性があります。これが、第三者からそのユーザに対する「なりすまし」です。ユーザIDを「利用」され、結果として自分の意志とは無関係のところで、第三者に被害を与える可能性があります。

「識別と認証」の想定される脅威として何者かが他人になりすまし、被害を与えるイメージを図7.2-1に示します。

この図の例では、乗っ取られたIDを悪用され、いたずらメールを送られているだけなので、比較的大きな被害にはなりにくいケースといえます。一方、銀行のキャッシュカードの暗証番号を悪用され、自身の預金がすべて引き出されてしまった場合や、仕事で使用しているPCのIDとパスワードを悪用され、保管していた重要書類やデータをすべて削除、もしくは外部に流出されてしまった場合には、甚大な被害を引き起こすことになります。

図7.2-1 パスワード盗用によるなりすまし例

「識別と認証」に関わる脅威への対策として、次の項目についての検討が必要です。

① ユーザID管理

② パスワード管理

③ 認証

④ 証明書

以下、①〜③について、7.2.1項で解説します。また、④の証明書については、7.2.2項にて解説します。

Column

 トレンド

RPA（Robotic Process Automation）

「2030年問題への対策はもうお済みですか？」と突然問われたら、何と答えるでしょうか。

現在、日本は人口減少・少子高齢化という大きな問題を抱えています。人口減少・少子高齢化がこのまま加速すると、2030年には日本の人口の約1/3が高齢者になると言われています。これは同時に、働き盛り世代の人口が減少してしまうことを意味し、国民総生産（GDP）を著しく低下させる可能性があるのです。これが「2030年問題」です。

この問題を解消すべく登場した技術の1つが、RPA（Robotic Process Automation：ロボットによる業務自動化）です。RPAは、2014年頃にITリサーチ企業にてカテゴライズされた比較的新しいテクノロジーで、近年高度化したロボットの認知技術に基づき、「仮想知的労働者（デジタルレイバー）」といわれるソフトウェアロボットが、従来人間が行っていた業務処理を代行する仕組みです。簡単に言えば、従来人間がキーボードやマウスを使って行ってきたコンピュータ操作を、（ソフトウェア）ロボットに実施させる技術になります。

RPAは、Webブラウザや表計算ソフト、業務パッケージソフト・EUC（EndUser Computing）とあらゆるアプリケーションを扱うことができ、主に定型化された事務処理に対してもっとも効果を発揮します。例えば、伝票や書類に書かれた文字情報をデータ化する入力業務や、経費精算や受発注処理のデータチェック業務など人手と時間の掛かる単純作業は、RPAに委ねることが可能です。また、近年注目されている人工知能（AI）技術と組み合わせることによって、今後RPA活躍の場は、どんどん広がっていくことが期待されます。高度経済成長期の産業用ロボットが、ブルーカラー（現業系労働者・技能系労働者）の業務効率化であったとすると、RPAはホワイトカラー（頭脳労働者・事務系労働者）向けの業務効率化技術であるといえます。

このように従来人間が行ってきた定型業務をロボットに代行させることによって、今後減少していく労働力を補完することが可能となる点で、RPAは近年注目を浴びているのです。また、RPAの活躍により、人間はより知恵を使う仕事に専念するようになり、より文化的でより人間味のある社会を実現することが可能となることでしょう。

ある日ふと気が付いたら、昨日まで隣で仕事していた同僚が、ロボットに変わっている！なんて時代が近い将来訪れるかも知れません。

「識別と認証」に関わる脅威への対策 （その1）
―ユーザID管理、パスワード管理、認証

1. ユーザID管理

　ユーザID管理では、なりすましによる不正利用を防ぐために、異動や退職などで使用しなくなったユーザIDをすぐに削除もしくは無効化する運用ルールが必要です。不要なIDが残っていると、そのIDを管理する者が存在しなくなるため、不正利用される可能性が高まります。そのため、利用しなくなったユーザIDの無効化や削除の対応などを行うことで、第三者によるなりすましを防ぐことができます。対策イメージを、**図7.2.1-1**に示します。

図7.2.1-1 ユーザIDによるなりすまし対策

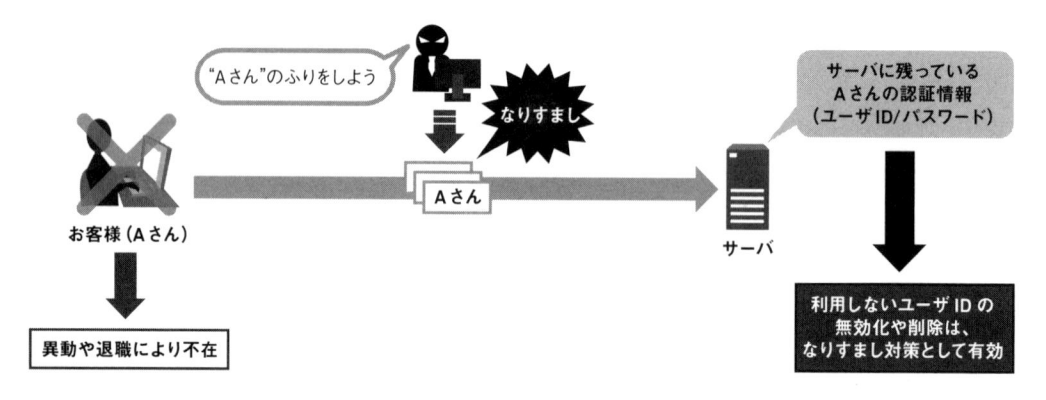

　一方、利用者が存在し、利用している間はなりすましのリスクは残りますが、その場合は、
・パスワード入力が何回か失敗したら、ロックさせてしばらく認証ができないようにする
・利用者のユーザIDに適切な権限を割り振るなどして、アクセスできる範囲を限定させる
　などのルールを定義することで、なりすましによる機密情報の漏えいリスクなどの被害をなるべく小さくする対策を取ることが可能です。

2. パスワード管理

　パスワード管理については、最低限、次の運用ルールを定義することが必要です。
　・パスワードを定期的に変更する
　・管理者で設定した初期パスワードは初回ログイン後すぐに変更する
　また、利用者がパスワードを変更する際は、次のパスワード変更ポリシーを定めておくと、パスワードが盗用されにくくなり、なりすましの対策として有効です。
　・パスワードの複雑性 (辞書に載っていない単語や英数字を含め、一定以上の文字列を満たす) を保つ
　・過去に利用したパスワードを一定回数使用できないよう世代管理する

3. 認証

　認証については、特定ユーザIDの利用者が、第三者からのなりすましではなく本人であるということを、システム上でどのように担保していくかを検討する必要があります。

　認証には様々な方式があります。各認証方式の特徴を**表7.2.1-1**にまとめます。

表7.2.1-1 各認証方式の特徴

	認証方式	特徴	備考
1	2-Key認証 (Basic認証)	ユーザIDとパスワードを組み合わせた認証	以下の組み合わせが可 ・IPアドレス制限 ・電子証明書
2	バイオメトリックス認証	生体が持つ顔、指紋、静脈、網膜、虹彩などで認証。 認証精度が100%でない	装置が必要
3	ワンタイムパスワード	パスワードをその場で生成して認証。パスワードの使いまわしができない	専用の装置、またはソフトェアが必要

(1) 2-Key認証 (Basic認証)

　2-Key認証 (Basic認証) は、ユーザIDとパスワードを組み合わせた認証方式です。最近では、当該ユーザIDが利用できる端末のIPアドレスを制限し、電子証明書を組み合わせることによって、さらになりすましをし難くするようなセキュアな使い方もできます。

（2）バイオメトリックス認証

　バイオメトリックス認証は、ユーザが任意に決める情報を利用するのではなく、生体が持つ顔、指紋、静脈、網膜、虹彩などを認証情報として用いる認証方式です。生体が持つ各種情報を利用するため、パスワード認証と比較し、なりすましが著しく困難です。

　身近な実用例で指紋認証を挙げると、iPhone 6以降に搭載されている「Touch ID」などで採用されている例があります。認証精度を上げるため、指紋情報を事前にいくつか登録しておき、画面ロックを解除する際に、指紋で認証し画面ロックを解除するといったことがバイオメトリックス認証の実用例の1つとして挙げられます。

　バイオメトリックス認証は、パスワード認証よりもかなり強固な認証方法ですが、実施用の機材や装置が別途必要になるため、導入には相応のコストがかかります。また、認証精度も100%完璧に認証できる方式とは言えないため、認証誤りが発生する可能性もあります。採用に際しては、これらの導入コストや対応コストも考慮し、検討していく必要があります。

（3）ワンタイムパスワード

　ワンタイムパスワードは、1回だけ使用できるパスワードです。使用可能なパスワードを、専用の装置、ソフトウェアによってその場で生成し、ユーザに都度連携することによって認証する方式です。生成されたパスワードは、1回のみ利用可能であるため、パスワードが流出してもそのパスワードは既に使うことができません。そのため盗用されても悪用されることはありません。

　ただし、こちらもバイオメトリックス認証と同様、パスワード生成用の機材や装置が必要となるため、導入には相応のコストがかかります。また、仕組みによってはパスワード受信用の機材を個人で所持しておかなければならない場合があるため、この受信用機材を紛失してしまうというリスクも存在します。

　認証の方式については、利用用途、機密性の重要度、運用管理面、導入コストなどにおいて総合的な観点で、どの認証方式がよいか、環境に合わせて検討していくとよいでしょう。

 関連テーマ

二要素認証

平成29年3月、警察庁が発表した資料[*1]によると、平成28年中のサイバー犯罪において、不正アクセス行為の認知件数が1840件、不正アクセス後の行為としては「インターネットバンキングでの不正送金」が1305件と最多となっています。また、不正送金事件の発生件数は1291件で、被害額は約16億8,700万円に達しています。不正アクセスの手口は、「利用権者のパスワード設定・管理の甘さにつけ込んだもの」が244件と最多となっているとのことです。

このような脅威に対して、今後ますますユーザ認証の重要性は増していきます。二要素認証（Two-factor Authentication）は、システムにアクセスしようとしているユーザの認証に二つの異なる要素（Factor）を用いて、セキュリティ強度を高めようというものです。

例をいくつか挙げると、パスワード認証＋ワンタイムパスワード（ハードウェアトークン、ソフトウェアトークン、メール送信方式等）、パスワード認証＋生体認証（指紋、静脈、虹彩、顔、声帯等の認証等）などが一般的ですが、ワンタイムパスワード＋生体認証という組み合わせも考えられます。

すなわち、以下の三要素から、複数要素を組み合わせて認証を強固にすることを目指しています。

① ユーザのみが知っているもの（パスワード、親の名前、ペットの名前等）

② ユーザのみが持っているもの（カード、番号、ワンタイムパスワード）

③ ユーザ自身であることを証明するもの（指紋、静脈、行動パターン）

これに加えて、最近は、例えばPCからのログイン時にスマートフォン等にパスコードを送信して入力させるといった、二経路認証という方法も取られるようになってきています。

認証技術も日々進化していますので、セキュリティ要件と予算に応じて、検討時点での最適な組み合わせを選択することが肝要です。

---

*1　出典「平成28年中におけるサイバー空間をめぐる脅威の情勢等について」, 広報資料, 警察庁

2

「識別と認証」に関わる脅威への対策 （その2）
―証明書

　現実世界で個人を証明するものとしては、運転免許証やパスポートなど様々なものがありますが、コンピュータの世界でも、サーバの存在証明やクライアントの存在証明など「自分が唯一の存在であることを示すための電子証明書」と呼ばれる仕組みが存在します。

　電子証明書には、証明書の所有者、発行者、期限などが記載されており、さらに暗号化技術に基づいて暗号化されているため、偽造するのはほぼ不可能です。仮に、悪意ある第三者にIDとパスワードが盗まれてしまったとしても、電子証明書を使えば、被害を食い止めることができます。

　なりすましの一種として、フィッシング詐欺と呼ばれる銀行やショッピングサイトなどを装った電子メールや、本物そっくりに作ったホームページを使って個人情報やクレジットカード番号などを入手しようとするものがあります。フィッシング詐欺のイメージを、**図7.2.2-1** に示します。

図7.2.2-1 フィッシング詐欺イメージ

　電子証明書は、「このWebサイトは、本物の○○社が運営しており、正しいURLは、□□□である」ということを裏付ける位置づけのものです。サーバ証明書（第三者機関が発行した電子証明書）を利用することで、本物のWebサイトであるということが証明でき、偽装Webサイトをチェックすることができます。サーバ証明書を利用したフィッシング詐欺対策のイメージを、**図7.2.2-2** に示します。

図7.2.2-2 サーバ証明書を利用したフィッシング詐欺対策

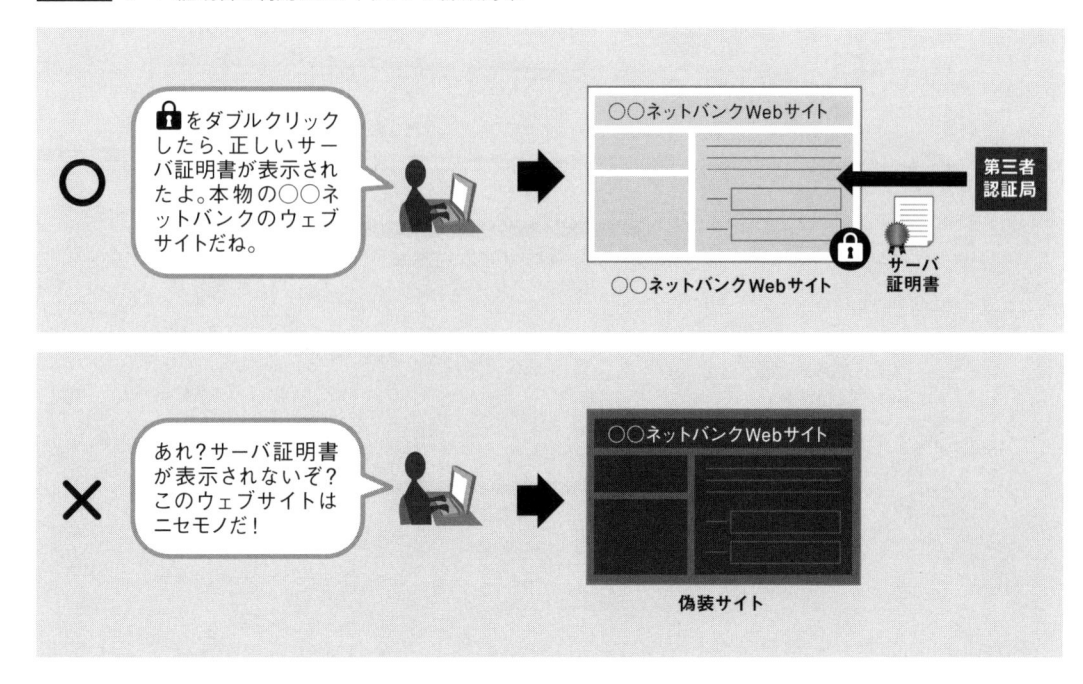

また、偽造されやすく、なりすましされやすい傾向があるものとして、電子メールがあります。

電子メールに対しては、電子署名という仕組みを利用することで、なりすましへの対策ができます。電子署名の偽造には、現代の高速な演算処理を持つコンピュータを使用しても、人間の寿命よりも長い天文学的な年月がかかるため、事実上不可能とされています。

この電子署名と電子証明書を使うことで、悪意ある第三者によるなりすまし送信かどうかを見分けることが可能です。電子メールを送信する際に送信側が電子署名を行い、送信者の電子証明書を含めて相手にメールを送信します。メールを受け取った人は、電子メールについている署名と受け取った電子証明書を利用して確認することによって、正しい送信元からのメールであるということを確かめることができます。この仕組みを利用することによって、署名がついてないものは、なりすましの可能性があるということを判断できます。一例となりますが、電子署名付きメールを利用したフィッシング詐欺対策のイメージを、**図7.2.2-3**に示します。

図7.2.2-3 電子署名付きメールを利用したフィッシング詐欺対策

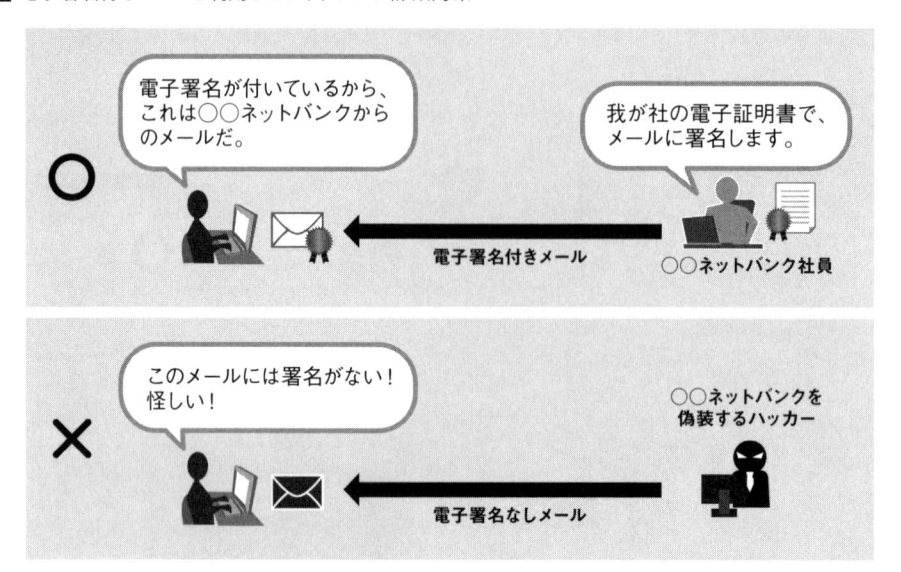

　その他の証明書としては、発信元が自分自身であることを証明する、クライアント証明書と呼ばれる電子証明書があります。クライアント証明書を導入することによって、ID/パスワードだけの認証の他にクライアント証明書を利用した端末認証も加えることで、正規利用者の端末からしかアクセスできないように制御し、なりすましなどの被害を防ぐことができます。

　例えば、在宅勤務や営業活動での出先など、社外から社内にアクセスする際、個人端末にクライアント証明書を導入することによって、クライアント証明書を導入した端末からのみシステムにアクセスできるようにできます。そして、クライアント証明書が導入されていない端末から、同じID、パスワードを使ってシステムにアクセスしようとしてもできなくするといった制御を、サーバ側で実施することができます。この仕組みを取り入れることによって、仮にその利用者のIDとパスワードが第三者に盗用されたとしても、クライアント証明書がインストールされた個人端末からしかアクセスできないため、悪意ある第三者からのアクセスを限定させることができ、情報漏洩による影響を最小限にすることができます。

　クライアント証明書を利用した場合としない場合の比較イメージを、**図7.2.2-4**に示します。

図7.2.2-4 クライアント証明書の利用イメージ

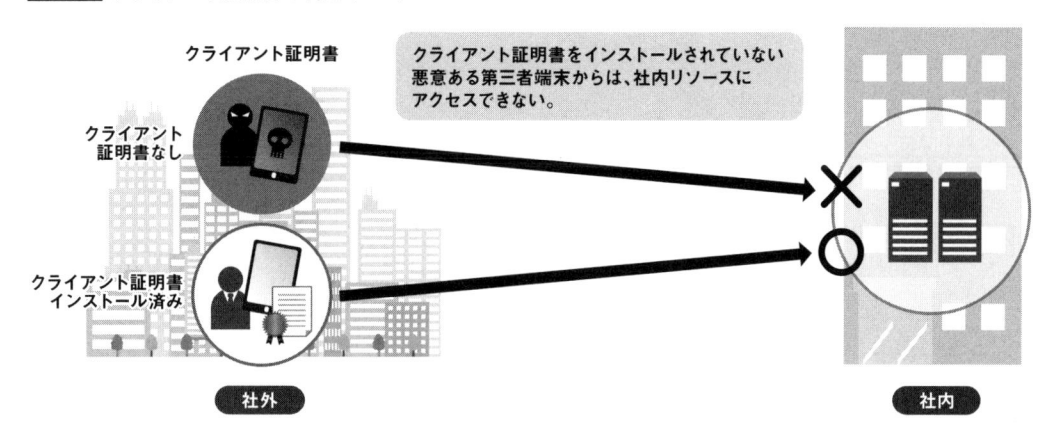

これまで識別と認証に関する脅威への対策について、様々な例を挙げて解説してきました。認証や電子証明書などの仕組みを取り入れて安全性を高めるという点と、利用者の利便性という点がトレードオフの関係にあることも忘れてはなりません。導入にあたっては、機密情報を守る側の立場と、利用者の双方がそれぞれどこまで許容できるのかという点にも配慮し、その環境に合わせて検討していくことが望まれます。

暗号化に関わる対策

本節では、「暗号化」に関わる脅威への対策を解説します。

「暗号化」に関して想定される脅威としては、次の項目が挙げられます。

・不正閲覧による情報漏洩

・社外へ持ち出した際の紛失や盗難による情報漏洩

・外部ネットワークへデータを転送する際の通信経路上での盗聴による情報漏洩

これらの脅威に対する対策を、**表7.3-1** に示します。

表7.3-1 暗号に関して想定される脅威への対策

	対策項目	暗号化対象	想定される脅威
1	PC（OA端末、業務端末など）対策	機密データ	・不正閲覧による情報漏洩 ・社外へ持ち出した際の紛失や盗難による情報漏洩
2	ネットワーク対策	通信経路	・外部ネットワークへデータを転送する際の通信経路上での盗聴による情報漏洩
3	サーバ対策	機密データ パスワードファイル	・不正閲覧による情報漏洩 ・社外へ持ち出した際の紛失や盗難による情報漏洩
4	人・ルールに関する内部対策	外部媒体	・社外へ持ち出した際の紛失や盗難による情報漏洩

これら4つの対策に対して、利用者の利便性とのバランスを踏まえ、どこまでセキュリティ対策が必要かを配慮した上で、結論を出していくことが重要です。

暗号化に関わる対策（その1）

― PC（OA端末、業務端末など）対策

　PC（OA端末、業務端末など）は、日常の業務でよく使われている端末です。

　一般に、端末の設置場所、端末固有のスペック、システムの中での端末の役割程度までは、システム設計の対象となる傾向にありますが、セキュリティに関する設計については比較的曖昧になっているケースが少なくありません。そのため、**表7.3.1-1**の各項目について検討していくことで、被害を最小限に食い止めることができます。

表7.3.1-1 PCにおける暗号化対策項目

	対策項目	対策内容
1	不正閲覧への対策	不正閲覧により情報漏洩されないために、どのような対策をとるか
2	社外持ち出しへの対策	社外へPCを持ち出した際、紛失や盗難にあった場合にも情報漏洩されないために、どのような対策をとるか
3	電子メールへの対策	盗聴やなりすまし、改ざんなどが行われやすい電子メールには、どのような対策をとるか

1. 不正閲覧への対策

　まず、不正閲覧による情報漏洩をされないようにする点について考えていきます。PCに保管されている機密データを不正閲覧させないようにするには、OA端末や業務端末などに重要データを保存しないよう運用ルールを定めるというのが、最も基本的な対策です。しかし、このルールはあくまで「ルール」であり、実際に機密データが保管されていないかを1台ずつチェックすることは現実的ではありません。人事異動や新人社員の入社などにより、個人がルールを把握していないことも考えられます。

　したがって、不正閲覧を行わせないという運用が守られていなくても、なるべく機密データを第三者に閲覧されることを抑止し、不正利用させないようにするにはどうしたらよいかを考えていく必要があります。例えば、PCに機密データが保管されたまま残ってい

たとしても、本人以外が閲覧できないようデータを暗号化することは、第三者に不正閲覧させない対策としては有効です。本人以外の第三者がPCに侵入して情報を閲覧しようとしたり、外部からのサイバー攻撃によるファイル流出が発生するようなことがあったりしても、ファイルを暗号化しておけば、不正閲覧されることはありません。

機密データの暗号化による情報漏えい対策のイメージを、**図7.3.1-1** に示します。

図7.3.1-1 機密データの暗号化による情報漏えい対策

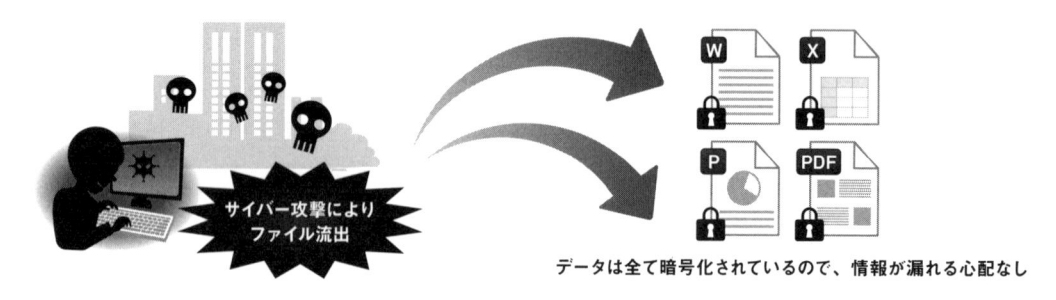

データは全て暗号化されているので、情報が漏れる心配なし

2. 社外持ち出しへの対策

次に、社外へPCを持ち出した際、紛失や盗難にあった場合について考えてみます。

営業担当者のように外出が多い人や、不特定の場所で仕事をする人の場合は、ノートPCを社外へ持ち出して利用するケースが多くなります。この場合によくある紛失の例として、「接待や懇親会などの帰り際に、うっかり電車の網棚にPCが入ったバッグを忘れてしまった」、「泥酔してバッグをどこかに置き忘れてしまった」などのケースがあるでしょう。

紛失や盗難などに対するリスクヘッジとして、PCのハードディスク全体を暗号化し、ドライブをロックする対策を組織のルールとして定めておけば、PC自体を紛失してしまったとしても、第三者に閲覧される危険性を回避することができます。

また、暗号化ではありませんが上記の対策の他に、紛失や盗難による被害を抑止するため、シンクライアントと呼ばれる方式を取り入れている例もあります。通常のPCは、画面表示・入力、プログラムの実行、保存を同一端末内で処理しますが、シンクライアントは、プログラムの実行やデータの保存といった機能をクライアント端末から切り離し、画面表示・入力の機能だけに限定させます。プログラムの実行やデータの保存については、遠隔地にあるサーバ側で処理を実施します。そのため、持ち出しているPCには、何もデータが保管されていないため、端末の紛失や盗難にあったとしても情報漏洩は発生しません。シンクライアント方式による情報漏洩対策イメージを、**図7.3.1-2** に示します。

図7.3.1-2 シンクライアント方式による情報漏洩対策イメージ

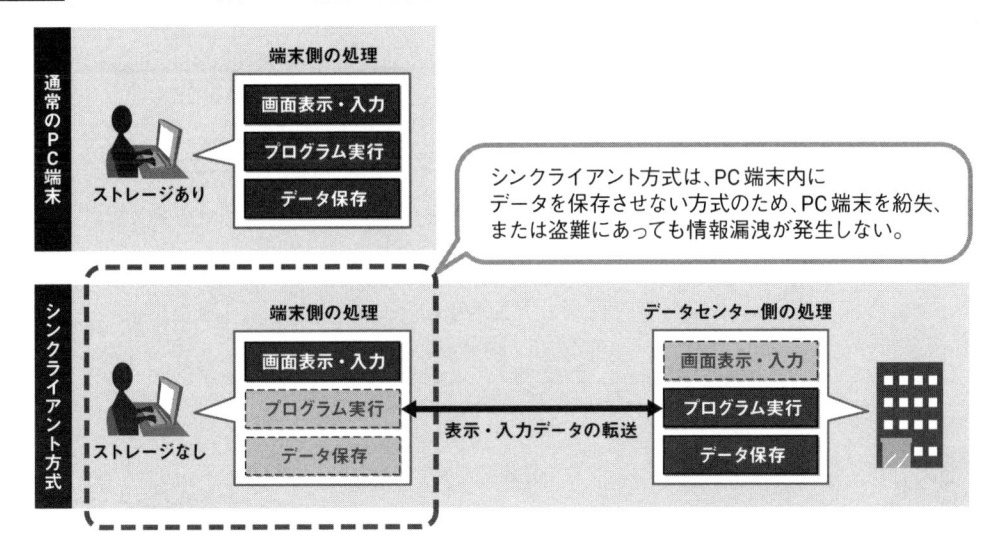

3. 電子メールへの対策

　最後に、盗聴やなりすまし、改ざんなどが行われやすい電子メールについて記載します。

　電子メールの送受信では、SMTP（Simple Mail Transfer Protocol）と POP（Post Office Protocol）というプロトコルが従来から利用されており、Webサイトで使われているHTTPのようにメッセージが平文のまま送受信されるため、盗聴やなりすまし、改ざんなどがされやすい状態となっています。

　そこで盗聴やなりすまし、改ざんなどを防ぐために「S/MIME（Secure/Multipurpose Internet Mail Extensions）」と呼ばれるメールシステム上で、メールの暗号化や電子署名を利用した認証を行う標準規格（ルール）が開発されました。また、これ以外にもオープンソースなどでは、「PGP（Pretty Good Privacy）」と呼ばれるプロトコルもあります。「S/MIME」は、組織的な導入に適しており、利用するためには、認証局により発行される電子証明書が必要です。「PGP」は、利用者同士で鍵生成してやりとりを行うため、小規模な組織への導入に適しています。

　「S/MIME」や「PGP」は、メールに特化した規格でメール本文を暗号化し、盗聴を防ぎます。また、電子署名をすることによって、なりすましや改ざんを防ぐことができます。電子メールに対する対策項目、対応策、効果をまとめたものを、**表7.3.1-2**に示します。また、電子署名、暗号化を行うイメージを、**図7.3.1-3**に示します。

表7.3.1-2 電子メールによるリスク対策

	対策項目	対応策	効果
1	盗聴の防止	・メール本文を暗号化	メッセージを暗号化することにより、盗聴されても読み取れないようにする
2	なりすましの防止	・電子署名による身元保証	本人の痕跡をつけて送ることにより、第三者から差出人を偽れなくする
3	改ざんの検知	・メール本文を暗号化 ・電子署名による身元保証	第三者からは、内容を見ることも差出人を偽ることもできなくする

図7.3.1-3 電子署名と暗号化イメージ

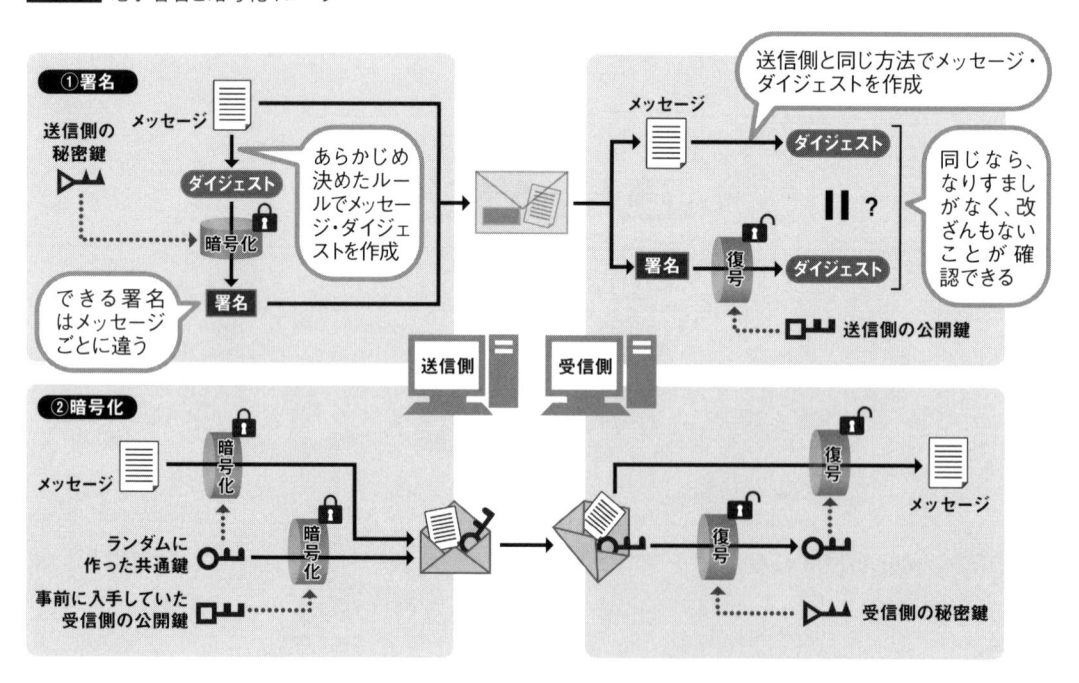

　S/MIMEを使う場合の注意点として、送信者と受信者の両方がS/MIMEに対応しているメールソフトを利用している必要があります。身近な例では、Microsoft社のOutlook、Windows Live Mail、OSS (Open Source Software) のThunderbirdなどが挙げられます。

　また、S/MIMEなどで暗号化されたメールは、ウイルス対策ソフトによるウイルスチェックができなくなります。ウイルス対策ソフトは、暗号化されたメールを解読できないためです。設計を行う際には、この点にも注意を払ってください。

暗号化に関わる対策 (その2)
―ネットワーク対策

　ネットワークの暗号化対策では、外部のネットワークへ機密性の高いデータを転送する際に通信経路での盗聴を防ぎ、情報漏洩をなくす方法を検討する必要があります。

1. VPN

　これまでは、「専用線」と呼ばれる利用者ごとに専用でネットワークを確保する仕組みを用いれば、簡単、かつ安全に複数のネットワークを接続するといったことができ、安全なネットワーク通信を実現できることが可能でした。

　しかし、専用線はその名のとおり利用者専用の回線であるため、接続先との距離があるほどコストが高くなり、遠距離の拠点などに対してこれを利用するとコストが非常に高くなるという点が問題でした。この問題を解決するために、安全性では劣るがコストを低くできるネットワーク（インターネットなど）を使って、安全な通信を実現できないか、という点が検討されてきました。その結果、通信データを暗号化させ、まるで専用線に接続されているかのような安全な通信を行い、その上で専用線よりも低コスト化を実現する方式として、VPN（Virtual Private Network）と呼ばれる方式が登場しました。

　VPNには、以下のような方式があります。

① IP-VPN（IP Virtual Private Network）

② InternetVPN（Internet Virtual Private Network）

　　・SSL-VPN（Secure Sockets Layer Virtual Private Network）

　　・IPSec-VPN（IP Security Architecture）

　専用線と各VPN方式の特徴についてまとめたものを、**表7.3.2-1** に示します。VPNにも各々特徴がありますので、システムに見合ったVPNを選択することが大切です。

表7.3.2-1 専用線と各VPN方式の特徴

	項目	特徴	安全面
1	専用線	物理的な専用線を使って拠点間を接続する ・接続先との物理的な距離に応じて課金される 　ため、距離が遠いほどコストが高い	情報漏洩やハッキングなどの危険性はない
2	IP-VPN	通信事業者が独自に持っている閉鎖網を利用したプライベートネットワーク ・コストが高い ・通信速度が低下しやすい	閉鎖されたネットワークを利用しているため、盗聴、改ざんのリスクが少ない
3	InternetVPN	インターネット回線を利用した仮想プライベートネットワーク ・コストが安い ・通信速度が低下しやすい	他のインターネット利用者と共用しているため、盗聴、改ざんのリスクが多少ある
4	SSL-VPN	SSLを利用できれば利用可能 ・利用しやすい 　（Webブラウザやグループウェアで利用可能なため） ・利用範囲が広い 　（PC、スマートフォン、タブレット、PDAなどから利用可） ・導入コストは安い ・特別な設定は不要	通信上は、暗号化されているため、盗聴を回避できるが、インターネットカフェや共用PCなど不特定多数の端末からでもSSLを使ってアクセスできてしまうため、参照できる情報を限定し、認証の仕組みを検討しないと本人以外から閲覧されてしまう可能性がある
5	IPSec-VPN	すべての通信を自動暗号化する ・本店と支店など決まった拠点間通信が多いところに適している ・SSL-VPNに比べ導入コストが高い ・利用範囲が狭い ・比較的通信速度は速い ・専用ソフトが必要	すべての通信を自動暗号化され、送信者と受信者が限定されているため、盗聴、改ざんをすることが難しい

2. 無線LAN

次に、無線LANについて考えていきます。

近年では、無線LAN全般をWi-Fi（Wireless Fidelity）と呼ぶことが多くなり、公衆無線LANの整備も進み、駅、空港など公共の場でも無線LANが利用できるようになってきています。無線LANは、2.4GHz帯や5GHz帯といった無線許可の不要な電波帯域を使ってデータの

やりとりをする技術です。無線LANについては、電波さえ受信できればどこでも同じ電波を傍受できてしまうため、有線LANと比較して安全性の面で劣るという特徴があります。

　無線LANを利用するためには、親機（アクセスポイント）とPCやスマートフォンに内蔵されている子機が必要です。親機⇔子機間の通信経路は、ケーブルの代わりに電波を使っているため、盗聴される危険性が高まります。そのため、無線LANを使用する場合には、暗号化の検討が必須となります。

　無線LANで扱う暗号化方式には、主に以下の3種類があります。

　・WEP（Wired Equivalent Privacy）

　・WPA（Wi-Fi Protected Access）

　・WPA2（Wi-Fi Protected Access 2）

　無線LANの暗号化方式として、現段階で最も暗号化強度が高く、通信速度も速い暗号化方式を選定するのであれば、WPA2を利用するのが適しています。しかし、利用者側の端末環境によっては、WPA2に対応していない機器もあります。その場合は、WPA2のほかにWPAも設定するなど、アクセスポイントとなる親機にどちらも利用できるような設定をし、利用者側からの利便性も確保しつつ、安全性を確保していく検討が必要になってきます。無線LANで設定する暗号化方式についてまとめたものを、**表7.3.2-2**に示します。

表7.3.2-2 無線LANで設定する暗号化方式

	項目	暗号化方式	暗号化強度	暗号化方式の概要
1	WEP	WEP	×	① 無線LANとして最初に登場した暗号化方式で、鍵データの生成方法が単純、かつ、解析が容易であり、数分で解読されやすい ② パスワードを変更しない限り、同じ鍵を使用し続けられる ③ 通信データの改ざんが検知できない ④ 通信速度の低下はないが、WPA2よりは通信速度が遅い
2	WPA	WPA-PSK（TRIP） WPA-PSK（AES）	△ ○	① WEP方式①〜③の欠点を改善した暗号化方式。暗号化技術は、WEPと同様であるが、暗号解読ツール等を利用しても数週間から数か月におよぶ解読が必要となる ② 通信データの改ざん検知は可能 ③ 通信速度の低下はあり
3	WPA2	WPA2-PSK（AES）	◎	① WEPやWPAの欠点が全て解決されている方式。強固な暗号化方式を採用しており、現時点（2018年現在）で解読手法は存在しない ② 通信速度の低下はなし

また、無線LANのアクセスポイントを設定の際に、検討すべきセキュリティ対策もあります。未対策の場合の危険性、対策内容、およびその効果を**表7.3.2-3**にまとめます。

表7.3.2-3 無線LANアクセスポイントで検討すべきセキュリティ対策

	対策項目	危険性	対策内容	効果
1	アクセスポイントに対する暗号化方式	アクセスポイントで暗号化設定をしていないと電波の届くところから気がつかないうちに通信内容が盗み見られたり、悪用されたりする危険性がある	① WPAやWPA2による暗号化を設定する ② パスワードは、ランダムで長いものにする	① 端末とアクセスポイント間の通信を強固な暗号化方式で暗号化するため、盗聴を防ぐことができる ② 複雑なパスワードにより、無断で無線LANが接続されることを防ぐことができる
2	SSIDの設定	・メーカー名が推測できるSSIDにしていると、脆弱性が発覚した場合に攻撃を受けやすい ・SSIDを推測されやすい名前にしておくと、他人から無断で利用されたりする危険性がある	・SSIDを推測されにくい名前に設定する	・SSIDを推測困難なものを利用することで、他人から無断で利用されることを防ぐことができる
3	アクセスポイントに接続できる端末の設定	アクセスポイントが、他人に無断で利用される危険性がある	① アクセスポイントに接続できる端末を限定する ② 同一アクセスポイントの無線ネットワーク上で接続する機器同士の通信を遮断する	① アクセスポイントに登録した端末のみからのアクセスに限定することで、登録した端末のみ許可し、登録外の端末からはアクセスさせない ② 同一アクセスポイント上での他の端末からアクセスされることを防ぐ

暗号化に関わる対策 (その3)

—サーバ対策

　サーバ内部には、顧客の個人情報や取引先との共有情報など、重要な機密データが数多く格納されています。これまでは内部からの不正持ち出しに対する対策が中心でしたが、近年では外部からの標的型攻撃に対する対策なども必要で、さらなる堅牢性の高い方式の検討が必要となってきています。

　セキュリティ対策上の実装機能がデータの暗号化のみであった際に、例えば内部の悪意ある利用者がOSの特権IDを入手した場合は、簡単に復号が可能となり、情報の漏洩につながります。そのため、プラスアルファの対策として、
　・サーバからのファイルをコピーガードによりコピーできなくする
　・USBメモリなどのリムーバブルディスクへのコピーを制限する
といった機能を持つツールを導入することを別途検討する必要があります。

暗号化に関わる対策 (その4)
―人・ルールによる内部対策

　人・ルールに関する内部対策は、社内の者が、外部に機密データを持ち出しする場合に、内部から外部に対して情報漏洩をさせないようにする対策です。

　例えば、社員が取引先や関連部門など、自分が所属している執務室以外の場所 (以降、外部と表記) に機密情報を含むデータを持っていくケースを想定します。外部へ持っていく場合は、機密情報を管理している責任者に、機密データを持ち出してもよいと許可を得た上で持ち出すルールを定めているケースが一般的です。しかし、機密データを格納するPCや外部媒体 (USBストレージ、DVD、磁気テープ等) に暗号化されていないデータを保存しておくと、PCや外部媒体を紛失した場合に第三者に情報漏洩され、悪用されてしまうリスクがあります。

　そういった悪用されてしまうリスクを回避するために、PCや外部媒体に機密データを格納する際は、データを暗号化し、さらにPCや外部媒体にもパスワードを設定するなど、容易に第三者から情報漏洩されないような仕組みを検討していく必要があります。

　また、社外などの取引先にメールで添付ファイルを送る際には、パスワード付き暗号化ファイルなど簡単に閲覧できない形に添付ファイルを変換してから送信し、さらに暗号化を解除するためのパスワードに関しては、別メールで送信するといったルールも組織全体で取り決め、組織内に浸透させていくと、情報漏洩される危険性を少なくすることができます。

　このように情報漏洩を防ぐためには、外部から内部のみではなく、内部から外部への対策についても検討していく必要があります。

通信制御

「通信制御」に関連して想定される脅威としては、主に次の2つがあげられます。

① 外部からの不正侵入によるシステム破壊やデータ流出

② 大量な接続要求に伴うDoS攻撃[*1]

上記の脅威を回避するために、どのような対策をとればよいかを、**表7.4-1** に示します。

表7.4-1 通信制御による脅威との関係

	対策項目	対象	想定される脅威
1	ファイアウォール/WAFによる通信制御	外部からの不正侵入 システム破壊 TCP/IPレベルでの通信制御	外部からの不正侵入によるシステム破壊やデータ流出
2	IDS[※]、IPS[※]によるシステム防御	通信経路	大量な接続要求に伴うDoS攻撃

※　IDS（**Intrusion Detection System**）：侵入検知システム　IPS（**Intrusion Prevention System**）：侵入防止システム

IDS（Intrusion Detection System）、IPS（Intrusion Prevention System）に関しては、7.5節で説明することとし、以下、ファイアウォール、WAF（Web Application Firewall）等について説明します。

1. ファイアウォール

ファイアウォールは、ネットワーク間（内部と外部）の通信可否を制御する機能を持ち、インターネットからの攻撃を守るためには、必須の制御となっています。そのため、きちん

[*1] **DoS攻撃**：Denial of Service attack：攻撃目標であるサイトやサーバに対して大量のデータを送り付け、負荷に耐えられなくなったサーバのダウンを狙ったサイバー攻撃。

と運用していくためには、適切なネットワーク設計や運用設計が必要となります。

高機能なファイアウォールでは、ネットワークレイヤにおいて、内部ネットワーク（セキュアゾーン）と外部ネットワーク（インターネット）のほかに、DMZ（DeMilitarized Zone：非武装地帯）と呼ばれる内部にも外部にも属さないエリアを設けて3種類のエリアとし、守るべき資源の影響を配慮に入れた上でポリシーを決めていきます。

DMZは、内部ネットワークと外部ネットワークからは接続できますが、DMZからは、外部ネットワークにのみ接続できるという特徴があります。つまり、DMZからは内部ネットワークに接続することができないため、DMZに配置されたサーバに侵入されたとしても、より重要な資源を持つ内部ネットワークを守ることができます。

例えば、個人情報や機密情報を保有するシステムは、ファイアウォールで通信制御をかけ、信頼できないインターネットから直接内部ネットワークにアクセスできないようにし、主にインターネットに公開するためのサーバには、信頼できないインターネットと内部ネットワークの中間に位置するDMZを構成します。DMZには、Webサーバ、メールサーバ、DNSサーバなど、侵入されても比較的影響の少ないサーバを公開するケースが一般的です。

また、内部ネットワークからもサーバのメンテナンスなどでDMZへのアクセスが必要なのであれば、決められたネットワークや端末からのみDMZに配置されたサーバへのアクセスを許可するといったことを、利用形態に応じて検討していく必要があります。ただし、DMZはセキュア度の低いゾーンであるため、十分な注意が必要です。

ファイアウォールによる「外部⇔DMZ⇔内部」の通信制御イメージを、**図7.4-1**に示します。

図7.4-1 ファイアウォールによる通信制御イメージ

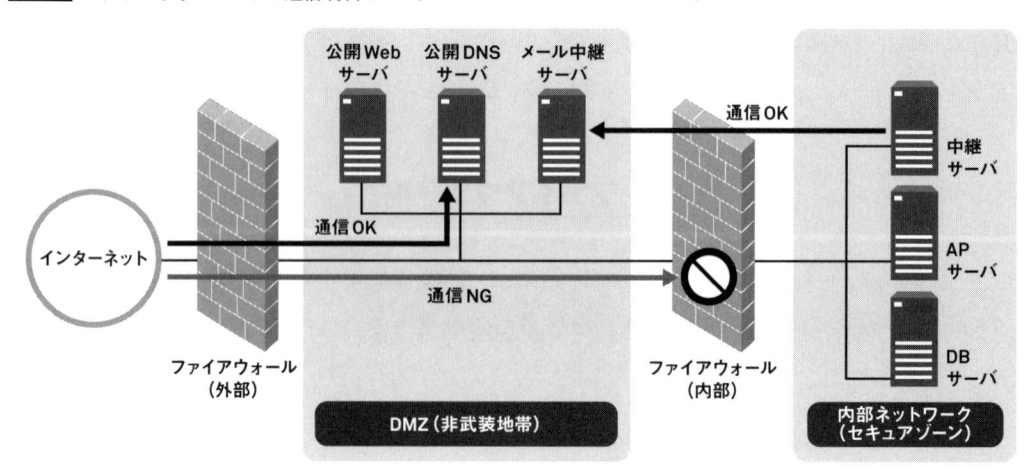

2. WAF

　ファイアウォールの他にも、WAF（Web Application Firewall）といわれる Web アプリケーションに特化した通信を制御する仕組みが存在します。一般のファイアウォールと WAF の違いは、守るレイヤの範囲です。ファイアウォールは、OS やネットワーク（TCP/IP ヘッダに含まれる各種情報など）に基づいて制御を行うのに対し、WAF はより上位レイヤの Web アプリケーションに特化した部分（HTTP のフォーマットなどに含まれる情報）に基づいて制御を行います。

　WAF のメリットとしては、導入が容易で、ファイアウォール、IPS などでは防ぐことができない Web アプリケーションの脆弱性を利用した攻撃（SQL インジェクション、クロスサイトスクリプティング、パラメータの改ざんなど）を防ぐことができるといった点があげられます。

　例えば、SQL インジェクションを例にあげて説明します。SQL インジェクションとは、Web アプリケーションへの入力を悪用し、アプリケーションの背後で動作しているデータベースに不正にアクセスする攻撃です。ユーザのデータベース操作には、制限がかけられていますが、アプリケーションに入力する値を不正に操作することで、SQL の問い合わせの内容を自由に変えられてしまう場合があります。本来は、参照しかできないはずなのに更新できてしまうと、その結果、意図しない情報の改ざんや破壊が起きてしまいます。

　WAF は、SQL インジェクションのような外部からデータベースに不正にアクセスする攻撃を防ぎたい場合に、効果を発揮します。

　ファイアウォール、IPS、WAF による脆弱性対策のイメージを、**図7.4-2** に示します。

図7.4-2 ファイアウォール、IPS、WAF による脆弱性対策

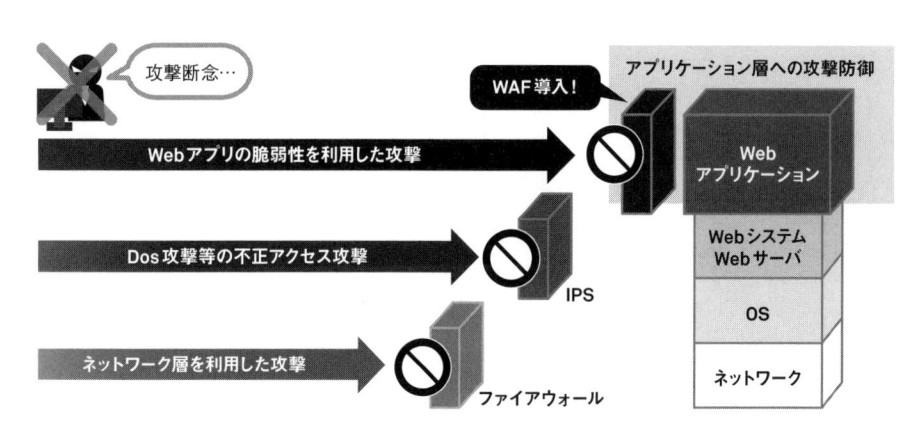

7.5

監視・監査

「監視・監査」に関して想定される脅威としては、

① 情報システムに対する不正行為

② 侵入者による不正アクセス

があげられます。

情報システムに対する不正行為は、発覚した後にシステム上に対策を講じてもほとんど効果をなさないことから、事前に「いつ、だれが、どこに、何をしたのか」といった証跡を残すよう対策を講じておく必要があります。

PCやサーバ、ミドルウェア、アプリケーション、通信システム上には、後で調査を可能にするため、ログと呼ばれる証跡が存在します。ログを記録する対象としては、OSやアプリケーション、通信機器など様々なものが存在し、ログに関しても様々な種類が存在します。

各対象装置とログの種類を、**表7.5-1**に示します

表7.5-1 各対象装置とログの種類

	対象装置	対象ソフトウェア	ログの種類
1	PC、スマートフォン	OS	認証ログ、操作記録、エラーログ
		アプリケーション	認証ログ、操作記録、エラーログ
2	サーバ	OS	認証ログ、操作記録、エラーログ、システムログ
		ミドルウェア	認証ログ、操作記録、アクセスログ、エラーログ
		アプリケーション	認証ログ、操作記録、アクセスログ、エラーログ
3	通信機器	—	操作記録、通信記録、アクセスログ

システムへのアクセス記録である「認証ログ」や「アクセスログ」、操作に関する記録である「操作記録」があれば、万一、不正アクセスや不正操作が発覚しても、いつ、だれが、どの時間にどこにアクセスし、何をしたかを後で追跡することが可能となるため、システムに上記のようなログを残しておくことは大変重要です。

　認証ログ、アクセスログを参照することで不正アクセスを確認し、操作記録のログを調査することで、不正操作がされていないかを確認できます。すべてのログを取得することがシステム上は望ましいのですが、データ量が膨大になってしまうため、システムでは管理しきれないログ量となってしまいます。そのため、何の目的でログを取得するか、ユーザの不正操作があった場合、実行者を特定するために何を取得するか（利用者のIDや操作履歴を取得するなど）を考慮し、監視対象を整理することが必要となってきます。

　また、長期間ログをチェックしないでいると、不正操作に気がつかない場合もあり得るため、どのようなタイミングでログをチェックし分析していくかについて検討し、想定される脅威のリスクができるだけ発生しないよう配慮していくことが、監視・監査を行う上で重要な要素となります。

　参考までに、監視・監査を行う上で取得すべきログ情報について、以下に記載します。

■取得すべきログ情報

- 利用者ID（ユーザID）
- ログオン、ログオフの時間、および、成功、失敗の記録
- プログラムの動作記録（プログラムの起動、終了）
- システムのアクセス情報（URLなど）
- 操作内容（利用者、運用者の操作記録など）
- 通信機器のログ（ファイアウォール、侵入検知システム（IDS）などの記録）

　さて、本節の前半では、システムに対するユーザの不正操作に関わる部分で、ログ監視の重要性について述べてきました。ここからは、システムに不正侵入された場合、どのようなことを検討すべきかについて解説します。

　システムは、特権ユーザ（Administrator等）など特別な権限が許されている不正ユーザにより侵入されてしまうと、場合によってはその重要な証跡となるログも改ざんされてしまう可能性があります。

このため、

・定期的にログイン試行のログを取得し、不正な操作がされていないかを確認する
・不正アクセスの兆候を一定期間のアクセス状況から分析することで、不正アクセスが
　行われていないかどうかの傾向を見分ける

といった方法を検討する必要があります。

　しかし、これをリアルタイムで実践する場合は、常時担当者が確認し続けなければならず、膨大な労力と人的リソースが必要となります。そこで近年では侵入検知システム（IDS：Intrusion Detection System）や侵入防御システム（IPS：Intrusion Prevention System）といった不正アクセスに対応したソリューションが出てきています。

　侵入検知システム（IDS）と侵入防御システム（IPS）の違いは、前者は不正アクセスやサーバの不正侵入を検知するのみにとどまりますが、後者は不正アクセスを検知する機能に加

表7.5-2 IDSとIPSの特徴

	システム名	主な機能	特徴	効果
1	IDS	ポートを監視して、侵入を検知する機能を持ち、防御措置はとらない	①ネットワーク型 ポートを監視して侵入を検知するため、ネットワーク上に設置すればよいので、導入がしやすい	ネットワーク上のパケットを監視することで、不正アクセスを検知することができる
			②ホスト型 サーバにIDSソフトウェアを導入するため、導入対象のサーバが多いとコストがかかる	サーバ内のログファイル改ざんなどを監視し、異常なふるまいを検知することができる
2	IPS	侵入を検知後、リアルタイムで防御措置をとる	・IDSと同様の機能を持ち、登録された攻撃パターンに応じて、通信を許可、または遮断するため、外部ネットワークと社内システムの経路上に挟み込まれるように設置される ・既存システムへの導入時は、IDSのようにネットワークを停止させないで導入できる形態とは異なり、経路上に挟み込まれる形で導入するため、ネットワークが確実に停止してしまう影響が出てしまう	IDSの機能に加え、不正アクセスを検知した場合にシステム管理者に検知を通知してくれるだけでなく、トラフィックを遮断するなど、リアルタイムで防御してくれる

え、不正アクセスを検知後、ネットワークトラフィックを遮断するなど防御する機能を持つところにあります。

IDS と IPS の特徴を整理し、**表 7.5-2** に示します。表 7.5-2 に記載している IDS と IPS の効果に着目すると、IPS を導入した方が良いように見えます。しかし、IDS と IPS では、導入へのプロセスに違いがあります。

IDS は通信をモニターするのみであるため、ネットワークスイッチに接続さえすれば、簡単に導入できます。一方、IPS は不正な通信を検知後、システムを防御する必要があり、外部と内部ネットワークの通信上の間に挟み込むような形で導入する必要があるため、様々な考慮事項や検討事項が発生します。IDS と IPS の役割の違いを、**図 7.5-1** に示します。

図7.5-1 IDS と IPS の役割

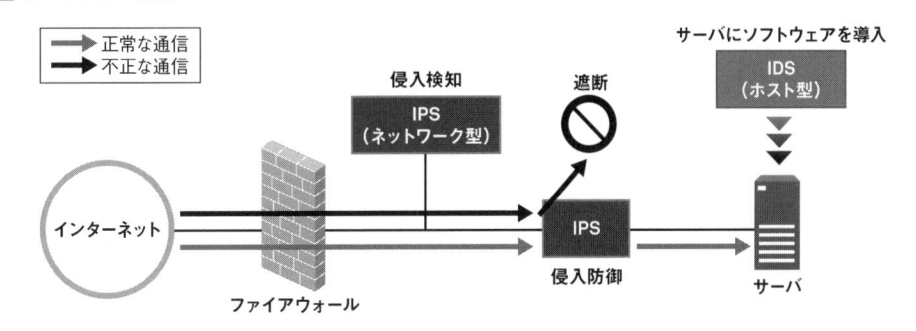

ファイアウォールでは防ぎきれない DoS 攻撃などの不正アクセスが増えている傾向が見られる場合は、IDS や IPS を導入し、不正アクセスの検知や不正アクセス時に対応できるような仕組みを取り込む検討をします。どちらを導入すべきかは、システムの特性や導入までのプロセスを考慮した上で決定します。

その他、複数のセキュリティ対策機能を 1 つに統合して管理できる UTM（Unified Threat Management：統合脅威管理）というソリューションもあります。UTM は 1 台で、Web フィルタリング、アンチウイルス、アンチスパム、IDS、IPS、ファイアウォールなど複数の機能を持っているため、インターネット経由の外部からの脅威とイントラネット経由の内部からの脅威を防ぐことができます。

図7.5-2 UTM（統合脅威管理）が様々な脅威を防ぐイメージ

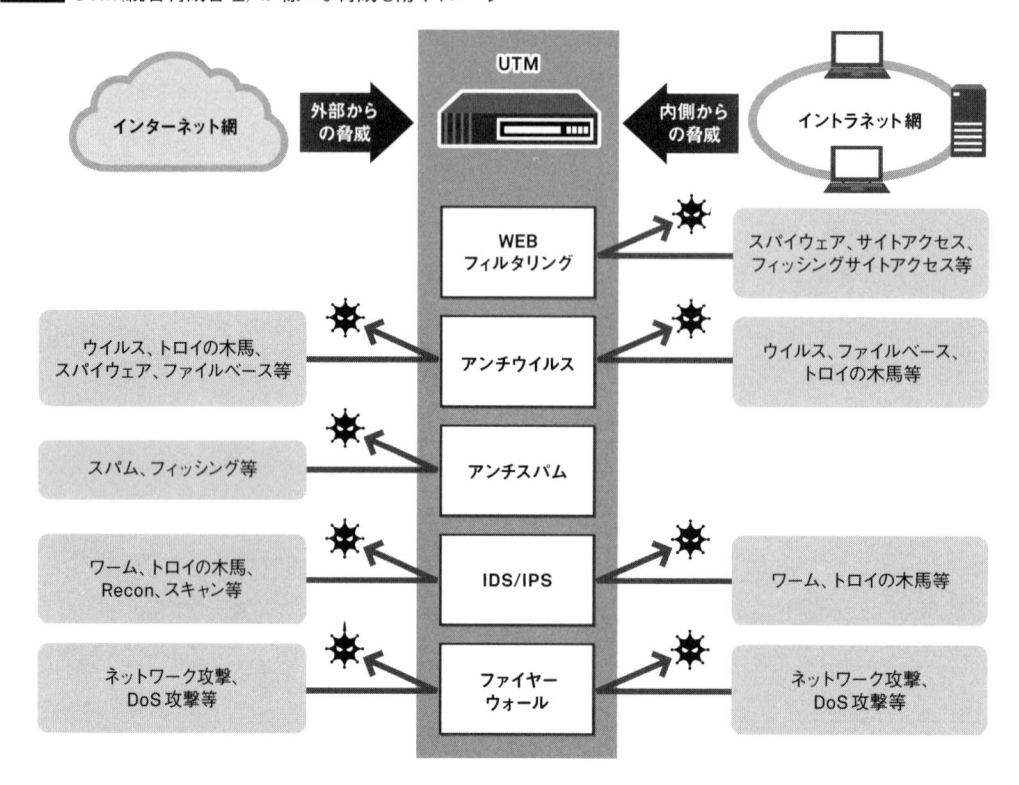

UTMが様々な脅威を防ぐイメージを、**図7.5-2**に示します。

UTMは、複数のセキュリティ機能が統合されており、**表7.5-3**のようなメリットとデメリットがあります。

UTMは、管理面とコストでメリットはあります。ただし一方で、ファイアウォール、IDS、IPSのように単体の機器の方が最新のセキュリティ対策に対応している場合があります。したがって、要求されるセキュリティの要件によっては、単体の機器を組み合わせた構成にした方がメリットとなる場合もあります。どのような構成にするかを検討する際は、セキュリティ要件と対比しながら検討していくことで、最適なセキュリティ対策を決定します。

表7.5-3 UTM（統合脅威管理）の特徴

主な機能	メリット	デメリット
Webフィルタリング アンチウイルス アンチスパム IDS/IPS ファイアウォール	① 複数のセキュリティ機能を1台の機器で統合的に管理できるので、構築、維持コストが安くなる ② 1台ですべてのセキュリティをまかなうため、管理負荷が下がる ③ トラブル発生時の切り分けが容易になりやすい	① 各セキュリティ機能を1台の機器でまかなうため、性能低下が発生しやすい ② 1台ですべてのセキュリティ機能をまかなうため、UTMが機能しなくなった場合、情報漏えいのインシデントが発生してしまう可能性がある ③ 任意の製品で自由に組み合わせて利用することができない ④ IDS、IPS、ファイアウォールなどの単体製品に比べて新機能の取り込みが遅いため、最新のセキュリティに対する対応が遅れる可能性がある

第7章 セキュリティ設計のセオリー

Column

関連テーマ ウイルス対策を行わなかった場合のリスク

近年、すでに多くの日本企業では、ウイルス対策ソフトやサービスなどが、導入されています。その導入率は、中小企業（300人以下の会社）において、アンチウイルスソフトの場合、約78%となっています（『情報セキュリティ白書2018』（IPA）より）。

ウイルス対策が、情報セキュリティの最も基本的な対策であることを考えると、十分に対策していない企業は、ウイルス対策の必要性を理解してないのか、コストがかかる割に効果が期待できないと感じているのか、いずれにしても疑問です。

ウイルス対策を行わなかった場合、以下のリスクがあることで、社会的損失が発生する可能性があることを十分に理解し、改めてウイルス対策について検討すべきです。

●ウイルス対策を行わなかった場合のリスク

①サーバ上の不正プログラムが実行されると、予期せぬ情報漏えいが発生してしまう。

②サーバ内の情報が改竄（かいざん）された場合、一般のユーザに攻撃を行ってしまう。

③サーバがウイルスに感染すると、踏み台となり、内部のサーバに対して攻撃を行い、その結果、本来は外部からアクセスできないはずのサーバから、情報漏えいが発生してしまう。

④サーバがウイルスに感染すると、一般のユーザにウイルスが拡散し、対外的に公表（ニュースや新聞など）が必要となるような重大なインシデントが発生してしまう。

セキュリティリスク管理

　セキュリティ対策には、完全に実施できる仕組みは存在しません。そしてセキュリティ対策自体は利益を生み出すものではないため、企業経営の観点から必要だと認識されていても、実施されないまま放置されがちになるといったことが出てきます。しっかりと対策をとることで、セキュリティの事故による被害が減らせることは事実です。しかし、組織としてどのようなプロセスに基づいて、セキュリティ対策を実践していけばよいかわからず、指針が必要とされる場合が多く存在します。

　そこで、組織が現実的に対処できるよう、情報セキュリティに取り組むための方針や対策基準を体系的かつ系統立てて、情報資産の安全性を確保する枠組みを示したものが、情報セキュリティマネージメントシステム (Information Security Management System：ISMS) と呼ばれるものです。ISMSは、経営層を頂点とした技術的、物理的、人的、組織的な対策を含んだ取り組みです。

　セキュリティ対策は、一度行ったら終わりというものではなく、環境の変化に合わせて絶えず見直しと改善が求められます。

　一方、情報セキュリティ面では、セキュリティ上の脅威が下記の脆弱性と結びついたときに事故として顕在化していきます。

　① システム内部にある隠れた欠陥 (バグ)

　② ネットワーク境界の適切な防御の欠如、不備

　一般に、情報システムは、稼働を開始してから数年の時間が経過すると、情報セキュリティ上の弱点を突いて侵入されたり、コンピュータウイルスに感染したり、様々な脆弱性が見つかっていきます。稼働開始当初のままシステムを続けて使用していると、日々、変化する脅威に対応できなくなってしまうため、そのまま放置しておくことは非常に危険なリスクにさらされることを意味します。

脆弱性は、システム内部にある隠れた欠陥（バグ）で、別名「セキュリティホール」とも言われています。その欠陥につけこんでPCやサーバに侵入したり、ウイルスを送り込んだりといったことが可能となり、セキュリティ事故（インシデント）として顕在化していきます。

クライアントPCの脆弱性に関するイメージを、**図7.6-1**に示します。

図7.6-1 クライアントPCの脆弱性に関するイメージ

クライアントソフトのアップデートをしていないと・・・

どのようなセキュリティソフトを使用したり、対策を行っていても、脆弱性を放置したままにしていると、情報漏えいやシステムへ影響を与えるリスクが増大し、セキュリティ対策をしている意味が薄れてしまいます。したがって、現状、どのような脆弱性があるか、新たな脆弱性が見つかってないかを定期的に確認し、OSやソフトウェアの修正プログラムを最新の状態に更新するなどの措置をとることでセキュリティ事故を未然に防止することができます。

このように脆弱性への対策を行うことで、風評被害、損害賠償負担、信用の失墜、機会損失などの二次被害を未然に防ぐことに繋がるため、セキュリティリスクを管理していくことは大変重要です。

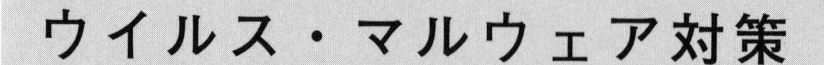

ウイルス・マルウェア対策

　ウイルスやマルウェアについて、ここで改めて説明します。

　ウイルスは、プログラムの一部を書き換えて、自己増殖するマルウェアです。つまり、マルウェアを総称の位置づけとし、ウイルスはマルウェアのうちの1つであると位置づけることができます。

　ウイルスは単独では存在できず、既存のプログラムを一部改ざんすることによって存在する特徴を持ちます。自分自身を作っていくさまが、病気に似ていることから、この名称が用いられています。

　他にもウイルスと似ていますが、マルウェアの1つとして単独で生存可能で、自己増殖する「ワーム」と呼ばれるものもあります。また、画像ファイルや文書ファイル、スマートフォンのアプリなどに偽装した上でコンピュータ内部へ侵入し、外部からの命令で端末を自在に操る「トロイの木馬」と称されるマルウェアも存在します。

　マルウェアとウイルス、ワーム、トロイの木馬の関係を、**図 7.7-1** に示します。

図7.7-1 マルウェアとウイルス等の関係

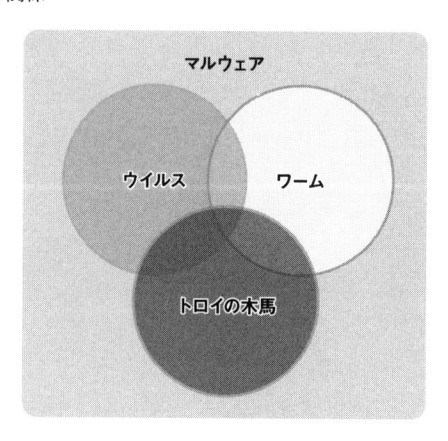

1. マルウェアの感染経路

本項では、マルウェアがどのような経路で感染していくのかについて、解説します。

マルウェアに感染する経路は、現状では、以下の3つが大半を占めている傾向が見られます。

(1) 電子メール

電子メールが感染経路の場合は、添付ファイルの拡張子を偽装したり、Excelのマクロにマルウェアを潜伏させたりする例などがあります。

(2) インターネット

インターネットが感染経路の場合は、マルウェアが仕込まれたページにアクセスすると、知らないうちにマルウェアをダウンロード・実行させられることにより、感染を引き起こします。

(3) USBメモリ

USBメモリは、データの移動や保存などに便利なため、現在でも様々な場面で利用されています。しかし、その利便さに乗じてマルウェアが侵入してきます。USBメモリ内に不正プログラムを実行する命令が書き込まれた場合、そのUSBメモリを別のパソコンに接続することで、USBメモリの自動実行機能よりUSBメモリに内在している不正プログラムが実行され、次々と感染の連鎖を引き起こすようなケースもあります。

2. マルウェアの感染対策

マルウェアの感染を防ぐために検討すべき項目は、次のとおりです。

(1) マルウェア対策の範囲を明確にする
(2) マルウェア対策ソフトを導入し、管理する
(3) マルウェア感染拡散被害を考慮した対策を行う
(4) 定期的にマルウェアスキャンを実施する
(5) マルウェアに感染したときの対応に備える

以下、これらの検討項目について、解説します。

(1) マルウェア対策の範囲を明確にする

マルウェア対策を行うには、導入ポイントを明確にすることが必要です。マルウェアは

インターネットやメールなどから感染するケースが多いため、感染経路の入口で防ぐことが、マルウェア感染を拡散させないためには効果的です。

　具体的には、PCやスマートフォンなどのインターネット環境に接続される端末や、インターネットに接続するゲートウェイ機器、サーバにマルウェア対策を行うのが基本です。Webシステムなどで使用するサーバには、インターネットに接続してデータの送受信を行ったり、メールを取り扱ったりするといった機能を持つサーバがあります。このようなサーバが不正なプログラムの実行やマルウェアの感染源とならないようマルウェア対策を行う必要があります。

　サーバにWindows系OSを使用している場合は、マルウェアに感染しやすいため、パターンファイルを常に最新化し、マルウェアチェックを行わせることも併せて検討していく必要があります。

　マルウェアの感染確率が低いUNIX系のOSを使用した場合においても、クライアント側から不特定のバイナリファイルをUNIX系のサーバへアップロードするといった業務運用を行う場合は、該当ファイルにマルウェアチェックをすることがマルウェアによる被害を防ぐためにも望ましい行為です。

　暗号化通信を利用している場合は、マルウェアを検知することができないといった制約もあるため、その場合は別のポイントでマルウェア対策ができないか検討します。

(2) マルウェア対策ソフトを導入し、管理する

　マルウェアは日々、進化しており、マルウェア対策ソフトの導入は必須です。また、マルウェア対策ソフトを導入したとしても、新しいマルウェア対策に対応するためには、常にパターンファイルを最新にすることが必要です。パターンファイルには、マルウェアのファイルが持つ特徴が記述されており、マルウェアスキャン時には、個々のファイルとパターンファイルに登録しているデータを照合し、結果が一致したものを検知し、マルウェアと判定します。最新バージョンにアップデートすることで、新しいマルウェアに対して対応でき、対策を行うことができます。

　システムの利用者が多人数になる組織では、マルウェア感染が拡散するリスクがあるため、マルウェアソフトのパターンファイルが最新の状態で運用されているかを、定期的にチェックすることも必要です。この活動を行うことで、マルウェア感染被害を抑止することに繋がります。

　また、社内専用システムなどの直接インターネットに接続していないサーバの場合、パターンファイルを取り込む方法についても、検討項目の1つとなります。

（3）マルウェア感染拡散被害を考慮した対策を行う

　マルウェアは、感染した場合、自端末に攻撃をしかける特徴を持つものもあれば、他の端末に対して感染させていく特徴を持つものも存在します。OS、アプリケーションの不具合や脆弱性といったセキュリティホールを塞ぐことで、マルウェアに感染したとしても、被害を最小に食い止める対策をとることができます。

　具体的には、OSやアプリケーションなどのソフトウェアを、常に最新バージョンにする対応を行います。あらかじめセキュリティホールの対策をしておくことで、万一セキュリティホールを突く攻撃をするマルウェアに感染したとしても、被害を最小に食い止めることができます。また、セキュリティホールから他の端末などにマルウェア感染を拡散させる特徴を持つマルウェアがあったとしても、拡散被害を防ぐことにも繋がります。

　ただし、ソフトウェアのバージョンを最新に更新する場合、稼働しているアプリケーションの無影響テストを実施することが必要となるため、実際の運用は必ずしも容易ではありません。そのため、どのようなサイクル（半年に1度等）で更新を行っていくかを決め、運用ルールとして決定することが設計段階で必要となってきます。

（4）定期的にマルウェアスキャンを実施する

　マルウェアを検知するには、定期的にマルウェアチェックを行うことが必要です。パターンファイルを最新にしていたとしてもマルウェアチェックを行っていなければ、マルウェアを検知することはできません。特に利用者多数の組織では、マルウェアに感染した感染拡大被害を最小限に食い止めるため、速やかな対応が求められます。新しいマルウェアへの検知に対応するために、パターンファイル更新後にマルウェアスキャンを行うことは大切ですが、通常運用時においても、一定期間の短いサイクルで周期的にマルウェアスキャンを行うルールを検討していくことが大切です。

　マルウェアスキャンの種類には、オンデマンドスキャン（on-demand scan）とオンアクセススキャン（on-access scan）と呼ばれる2種類があります。

　オンデマンドスキャン（on-demand scan）は、手動で実行され、ドライブ、フォルダなどを指定してスキャンを行う方式です。マルウェアソフトの種類によっては、完全スキャンとも呼ばれているものです。

　オンアクセススキャン（on-access scan）は、ファイルを開く、保存、実行するようなときに、リアルタイムでマルウェアをスキャンする方式です。マルウェアソフトの種類によっては、リアルタイムスキャンとも呼ばれているものです。

　通常利用時は、オンアクセススキャン（on-access scan）を常時有効にしておき、一定間隔で

（例えば週1回）オンデマンドスキャン（on-demand scan）を実施することが基本です。オンデマンドスキャン（on-demand scan）は、スキャンする対象のファイル数やデータサイズによって、スキャンに時間がかかり、機器のパフォーマンスに影響を与えることがあるため、いつ、実施するか、ルールを設けて検討していくことが大切です。

（5）マルウェアに感染したときの対応に備える

　端末にマルウェアソフトを導入すれば、マルウェアが感染しているか確認することができますが、人が多く介在している組織で端末を利用している場合、マルウェアに感染後、可及的に速やかに二次感染を防ぐ手段を講じなければなりません。参考までに「マルウェア検出時の対応手順例」を以下に記載します。二次被害の拡散防止をするために、連絡フローや対応手順を事前に整理しておき、関係者に周知していくことで被害防止に繋がります。

■マルウェア検出時の対応手順例

① インターネットとの接続を切断するため、LANケーブルをPCから抜く。あるいは無線LANのスイッチをオフにする。

② 現在の状況を確認し、保存する（ログやディスクイメージの証跡をとる）。

③ マルウェアソフトのパターンファイルを最新化する。

④ マルウェアソフトのパターンファイルが最新の状態で、マルウェアスキャン（駆除）を行う。

⑤ 発見されたマルウェアは削除し、感染の原因になったファイルやメールも削除する。

⑥ マルウェアが駆除できない場合は、端末を初期状態にするなどの対応を検討する。

⑦ マルウェア感染があった場合は、所属長や情報管理責任者に報告する。

3. マルウェアソフトが効かない場合

　ここまで、マルウェアソフトを中心とした対策について触れてきましたが、セキュリティ製品やマルウェアソフト（アンチマルウェアソフトウェア）が効かない例も挙げていきます。

　フィッシングメールと呼ばれるあたかも正当な発信元であるかのように偽り電子メールを相手に送り付け、メールを受け取ったユーザが電子メールに添付しているファイルを開くとマルウェアに感染するというケースもあります。このような場合は、マルウェアソフトやその他のセキュリティ製品を導入しても検知できず、あたかも正当なものとして扱われ、セキュリティ製品（アンチマルウェアソフトウェアも含む）の機能を持ってしても検知できず、

防ぎきれないこともあります。

　セキュリティ製品やアンチマルウェアソフトでは対策できない例を、**図 7.7-2** に示します。

図7.7-2 セキュリティ製品やアンチマルウェアソフト（アンチウイルスソフトなど）では対策できない例

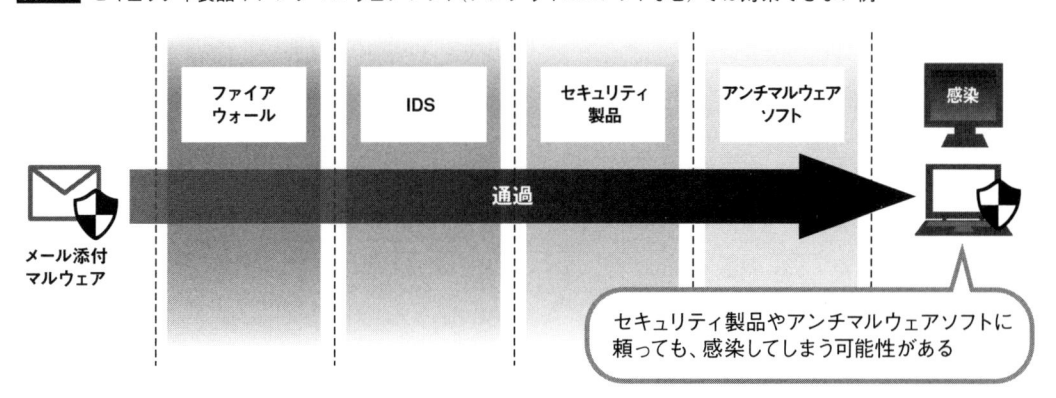

　セキュリティ製品に依存したマルウェア対策は、特殊なケースによっては、万全とは言い切れない面もあります。したがって、マルウェアソフトウェアや検疫サービス、そのほかのセキュリティ製品に頼るだけでなく、人による対応が必要となってくる場合もあります。組織の規模に合わせてマルウェア感染による被害が拡大しないようにどうしていくか、個別の対応についても検討していく必要があります。

　具体的な例を挙げると、受信者側で以下のような内容を検討し、利用者に周知し、マルウェア感染の拡大を防ぐための意識を持たせていくことも大切です。二次被害拡大を防止していく対策としては、人に頼る部分があるため、万全とは言えない部分もありますが、事前に周知しておくことで、マルウェア感染による被害防止効果が少なからず期待できます。

■受信者による対応
① 受信したメールの添付ファイルを安易に開かない。
② 知らない送信者名、心当たりのない英文の件名のメールは注意する。
③ 送信者が知人であっても、添付ファイル付きのメールには注意する。

　これまで説明してきた対策は、いずれかの対策を実施すればそれで十分という訳ではありません。マルウェアは日々進化しているため、感染による拡散被害を防止するためには、

セキュリティ製品だけに頼るのではなく、人や組織の協力、最新の情報を知る努力も必要です。さらに、どのように対応していけば、被害を食い止められるか、あるいは組織のセキュリティが保たれるかについて、定期的な見直しを行い、日々検討していくことにより、情報セキュリティを確保する上で、極めて重要な対策への橋渡しとなります。

WannaCry

2016年あたりから猛威を振るっている、ランサムウェアというマルウェアについて、一例を挙げます。2017年5月、「WannaCry（ワナクライ）」という名前のランサムウェアの感染により、世界で7万台以上のPCが被害を受けた事例があります。

ランサムウェアは、感染させた人のPC内のデータを人質にとり、身代金（ランサム）を要求するマルウェアです。人質の取り方としてデータを暗号化してしまい、読めなくしてしまいます。暗号化されたデータは、復号するための鍵がなければ、自力で暗号を解くことはできません。

復号するための鍵は、ランサムウェアを仕掛けた人が所有しています。ランサムウェアを仕掛けた人は、この点を悪用して身代金（ランサム）を払えば、暗号化したデータを復号してやるという要求をしてきます。

ランサムウェアの攻撃対象は、PCだけでなく、スマートフォンにも及びます。感染経路は、主に電子メールです。ランサムウェアが添付されたメールをうっかり開くことにより、感染してしまう可能性があります。

もし、このマルウェアに感染し、復号したいからと思っても、身代金を支払うべきではありません。なぜなら、身代金を支払ったとしても復号される保証はないためです。また、そのような攻撃を仕掛け

た人の資金源となってしまいますので、要求に応じると加担してしまうことになりかねません。要求には、応じないことが大切です。

ランサムウェアの予防策としては、以下の対応をとることが有効です。

① ランサムウェアの感染を防止する。
② 脆弱性を悪用される危険性を減らす。
③ ランサムウェアに感染した後に対応できるよう対策する。

①の具体例は、怪しいメールがきたら、添付されたファイルを開かないということです。

ランサムウェアが添付されたファイルを開かなければ、感染を防止することができます。

②の具体例は、OSやアプリケーションなどを常に最新の状態にすることで、脆弱性を悪用される危険性を防ぎます。

③の具体例は、ランサムウェアによって暗号化されたデータを復号するのではなく、そもそもファイルを定期的にバックアップすることで、ランサムウェアによって暗号化される前の状態にリカバリーするということが対策としては有効です。

仮にランサムウェアによって、データが暗号化されてしまったとしても、バックアップからリカバリーした後に再びデータを利用することができます。

付　録

商用システムにおける
システム構成の変遷

商用システムにおけるシステム構成の変遷

1. はじめに

　「コンピュータシステムは集中と分散を繰り返す」と、昔から言われてきました。現代に至る日本の四半世紀を振り返ってみても、確かにその言葉のとおりトレンドが推移してきたことが実感されます。

　ここでは、筆者が実際に体験した90年代初期から現在までのコンピュータシステムの変遷について振り返ってみます。

2. 集中・分散の推移

　まずは年代別に、集中・分散の推移と、そのきっかけとなったできごとについて整理します。

図1 集中・分散の推移と大きな出来事

	1990 年代		2000 年代	2010 年代
集中	分散		集中	分散
	ダウンサイジング →			
		インターネットの普及 →		
		Webシステムの普及・一般化 →		
			仮想化技術の成熟 →	
			クラウドコンピューティング →	

　図1のとおり、コンピュータシステムはおおよそ10年周期で分散・集中のトレンドが入れ替わっています。

　1990年台は、ダウンサイジングにより、非常に高価な大型コンピュータによる集中型か

ら安価な小型コンピュータを複数使用しての分散型へと変化しました。

　2000年代は、インターネットの一般化に伴い、Webシステムによってサービスをホストする集中型のシステムが大きく普及しました。また、ダウンサイジングによる大量の小型コンピュータを管理するコストの高止まりの解決策として、仮想化技術による小型コンピュータの集約が積極的に行われるようになりました。

　そして2010年台から現在にかけては、インターネット上に分散したクラウドサービスを自由に組み合わせる、クラウドコンピューティングが注目されています。

3. 1990年代：集中から分散へ （ダウンサイジング）

　1990年代初期のコンピュータシステムは、メインフレーム（汎用機）による集中型システムが主流でした。ユーザが操作するPCには高度な処理能力を必要とせず、画面から入力した情報をメインフレームに送信し、メインフレームが処理した出力結果画面を表示する程度の機能しか持っていませんでした。

　メインフレーム集中型のシステムイメージは、**図2**のとおりです。

図2 メインフレームによる集中型システムのイメージ

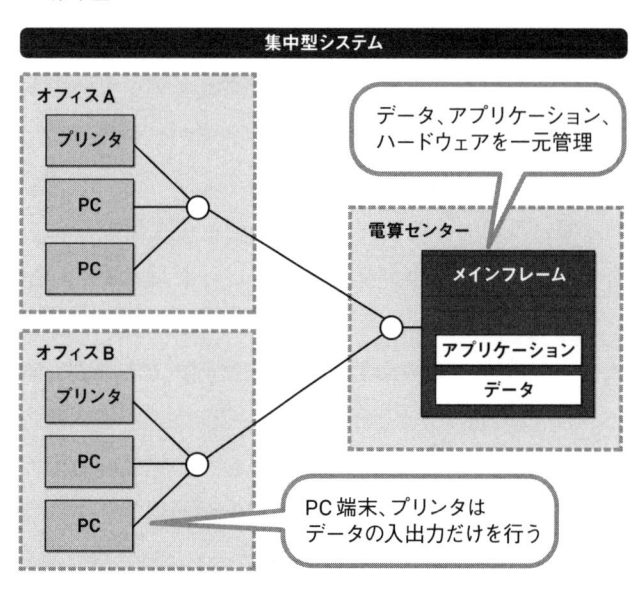

　この頃のPCは、メインフレームと通信を行うためだけのネットワークに接続されており、設計書等のドキュメントをネットワーク上で共有するという考え方はありませんで

した。PCのワードプロセッサや表計算ソフトで作成したドキュメントはフロッピーディスクに保存し、バインダーに入れて書庫で保管・管理していました。そしてドキュメントとメインフレームの画面との間で情報をコピー&ペーストするようなこともできませんでした。

　メインフレームによる集中型システムのメリット・デメリットは**表1**に示す通りです。

表1 メインフレームによる集中型システムのメリットとデメリット

メリット	・データ、アプリケーション、プログラム資産、ハードウェアを1カ所で集中管理できる ・高性能で安定性に優れており、堅牢である
デメリット	・高額である ・業務に応じて柔軟に、スピーディに変更が行えない

　このような状況の中、小型コンピュータの高性能化・低価格化が顕著となり、これまでのメインフレームでの集中処理から、多数の小型コンピュータ群での分散処理へ移行するダウンサイジングが進んでいきました。

　ダウンサイジングの代表的なシステム形態としてクライアント／サーバシステムが挙げられます。クライアント／サーバシステムでは、ユーザが使用するクライアントPC上でアプリケーションが動き、データはサーバ上にあり、クライアントPCとサーバはネットワークを通じて繋がっているという2層アーキテクチャが主流でした。
　クライアント／サーバによる分散型システムのイメージは、**図3**のとおりです。

　クライアント／サーバ型のシステムが普及した主な理由としては、以下の点が挙げられます。

・イーサネットの普及により小型コンピュータ同士が通信できるようになった
・Windows OSが普及し、GUIベースのアプリケーションが容易に開発できるようになった
・グループウェアやファイル共有機能により、チームコミュニケーションがネットワーク上でシステム化され、業務の効率化に大きく寄与した

図3　クライアント／サーバによる分散型システムのイメージ

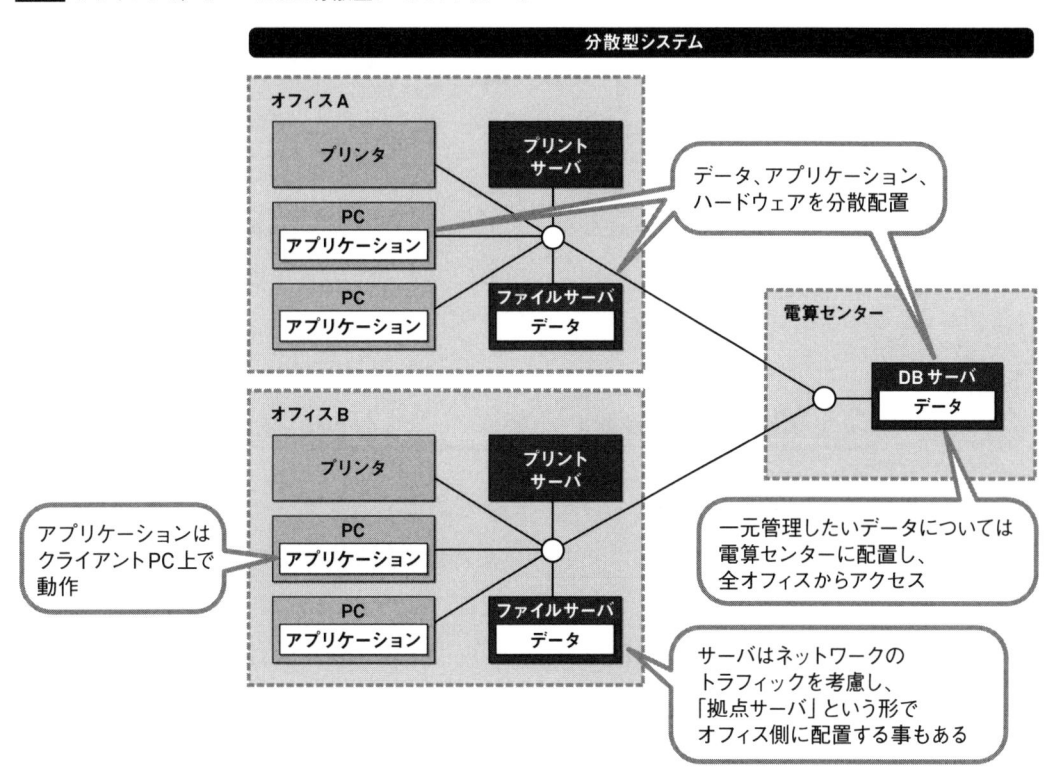

そして、表計算ソフトのマクロなどを用いて、業務を効率化するプログラムをユーザ自身が開発・利用するエンドユーザ・コンピューティング(EUC)という手法が大きく広がったのもこの時期です。

クライアント／サーバによる分散型システムのメリットとデメリットを、**表2**に示します。

表2　クライアント／サーバによる分散型システムのメリットとデメリット

メリット	・メインフレームと比較して、安価にシステムを実現できる ・EUCにより、ユーザー自身が定型業務を自動化する事も可能であり、柔軟性が高い
デメリット	・多くのコンピュータ、アプリケーション、ミドルウェアの組み合わせでシステムを実現している分、複雑で障害ポイントも多くなる ・クライアントPC上で安定してアプリケーションを動作させるために、クライアントPCの管理を行う必要がある ・EUCにより開発された機能が、作成者の異動や退職により保守できない状況が発生する

ダウンサイジングでは、すべてをクライアント／サーバに移行するのではなく、ミッションクリティカルな基幹業務は従来のメインフレームで行い、情報系システム等の可用性レベルが高くないシステムはクライアント／サーバに移行するという形で、システムの重要度に応じて集中型システムと分散型システムを使い分け、共存させる事が考え方の軸であったといえます。

　また、アプリケーションのGUI化、グループウェアやデータ共有の普及により、OA環境が進化したことがダウンサイジングによってもたらされた大きな恩恵であり、ひとつのパラダイムシフトであったともいうことができます。

4. 2000年代　分散から集中へ（その1：Webシステム化）

　1990年代後半から2000年初期にかけて、大きな転換となるできごとがありました。それはインターネットの普及によるブロードバンド時代の到来です。これにより企業はインターネット・メールで社外の取引先とやり取りをするようになり、ホームページを用いて広報活動を行うようになり、やがてインターネット上のWebシステムで直接商取引が行えるようになっていきます。

　この「インターネットで商取引が行えるための仕組み」が普及するのに一役買ったのが、Javaサーブレットです。

　Javaは1995年に正式リリースされましたが、当初はJavaアプリケーションとJavaアプレットというクライアント上でプログラムが動く方式のものしかなかったため、クライアントのOSやWebブラウザとの互換性問題により、商用システムとして実用レベルとは言い難い状況にありました。

　その状況を一転させたが2000年前後のサーブレットの登場で、サーブレットによりアプリケーション・プログラムはサーバ側で動き、画面表示と入力操作だけをクライアントのWebブラウザ上で行う形態へと変わりました。

　この形態を3層アーキテクチャといい、アプリケーション・プログラムとデータを電算センター内で一元管理でき、クライアントにはWebブラウザがあれば良いことから、安全で管理がしやすいアーキテクチャとして現在でも主流となっています。

　（最近では、クライアントサイドでJavaScriptがバリバリ動くSPA（Single Page Application）という実装法がトレンドになっていますので、サーバサイドJava一色というわけではありません。）

　2層アーキテクチャと3層アーキテクチャの比較を、**図4**に示します。

図4 2層アーキテクチャと3層アーキテクチャの比較

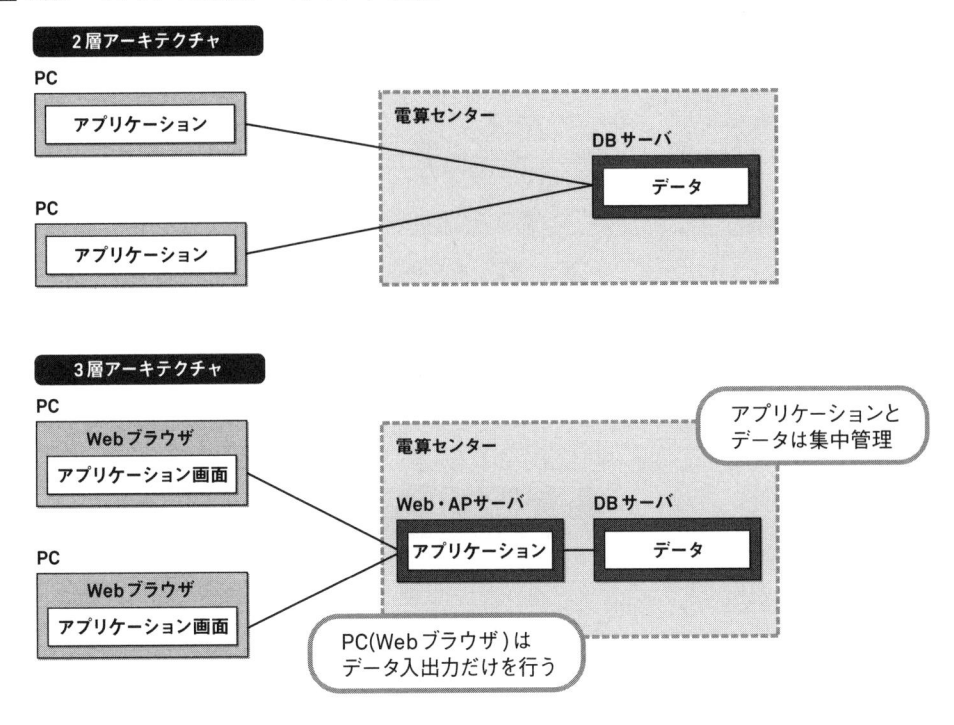

　3層アーキテクチャのイメージ図を見ると分かりますが、本付録の冒頭で説明した集中型システムのアーキテクチャ構造と似ています。つまり、システム環境としてはクライアント／サーバシステムのままで、アプリケーション・アーキテクチャは集中型へと変化したことになります。

5. 2000年代　分散から集中へ（その2：仮想化集約）

　これまでは、コンピュータのCPU性能はクロック数（周波数）を上げることによる処理速度の向上で実現してきましたが、この頃からそれが頭打ちとなり、今度はCPUコア数を増やすことによる同時処理能力の向上へとトレンドが変貌しました。

　このマルチコアCPUの考え方は、1つの物理サーバの中で複数の仮想サーバを同時に稼働させる仮想化技術との親和性が高く、2000年代後半で仮想化製品が高可用性の機能を充実させたタイミングを皮切りに、一気に普及しました。

図5 仮想化集約のイメージ

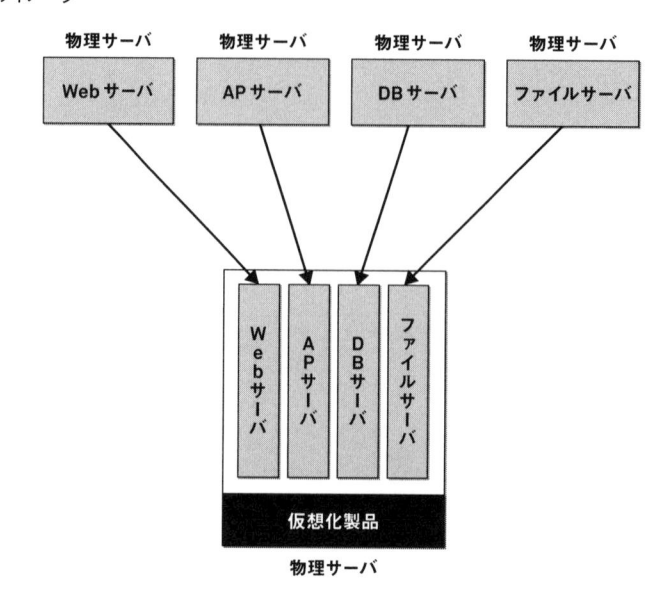

図5に記載のとおり、仮想化のメリットは、物理サーバ減によるマシンコストの削減といった直接的なもののほか、設置スペースや消費電力、延いてはCO₂排出量の削減といった環境・エコロジー面でのメリットもあります。

また、複数の論理サーバでハードウェアをシェアすることで、ハードウェアが持っている性能を余すことなく活用する効果も期待できます。

6. クラウド時代へ

このように1990年代に一度分散したものが、今日までに集中してきました。

そして今クラウド*1の時代へと突入し、再びトレンドは分散へと向かっています。

クラウドを活用したシステム開発技法は、クラウドコンピューティングと呼ばれており、クラウド上にあるプラットフォームやAIサービス、公開API等を組み合わせ、これまで自社のサービスやデータだけでは実現できないような、奇抜で付加価値の高いサービスを作る手法を指します。クラウドにあるサービスは、世界中のいたるところに配置されており、インターネットにつながってさえすれば、その物理的なロケーションを意識することなく利用することができますので、これは分散型のアーキテクチャといえるでしょう。

そしてクラウドは、クライアント／サーバシステムおよび仮想化システムを下地に作ら

れていますので、性能・拡張性や可用性の考え方などは、オンプレミス*2で検討してきたことの応用となります。

　最後になりますが本書にまとめた内容は、基礎的な体系ではありますがクラウドの世界でのシステム設計にも活用できるものであると、筆者一同は考えています。読者のみなさんへの一助となれば幸いです。

---

*1　インターネットなどのコンピュータネットワークを経由して、データやソフトウェアをサービスとして利用者に提供するもので、利用者側はサーバを所有する必要はなく、最低限の環境（インターネットに接続できるPCやタブレットなどの端末と、その上で動くWebブラウザ）があれば、どこからでも様々なサービスが利用できる。
*2　情報システムのハードウェアを、利用者が自社保有物件やデータセンターなどの設備内に設置し、利用者自身が主体的に管理する運用形態を指す。

索 引

索 引

簡易電子版の閲覧方法

本書の内容は簡易電子版コンテンツ（固定レイアウト）の形でも閲覧することができます。

・簡易電子版コンテンツのご利用は、本書1冊につきお一人様に限ります。
・閲覧には、専用の閲覧ソフト（無料）が必要です。この閲覧ソフトには、Windows 版、Mac 版、iOS 版、Android 版があります。

◆ 簡易電子版の閲覧手順

弊社のサイトで「引換コード」を取得した後、コンテン堂のサイトで電子コンテンツを取得してください（コンテン堂はアイプレスジャパン株式会社が運営する電子書籍サイトです）。

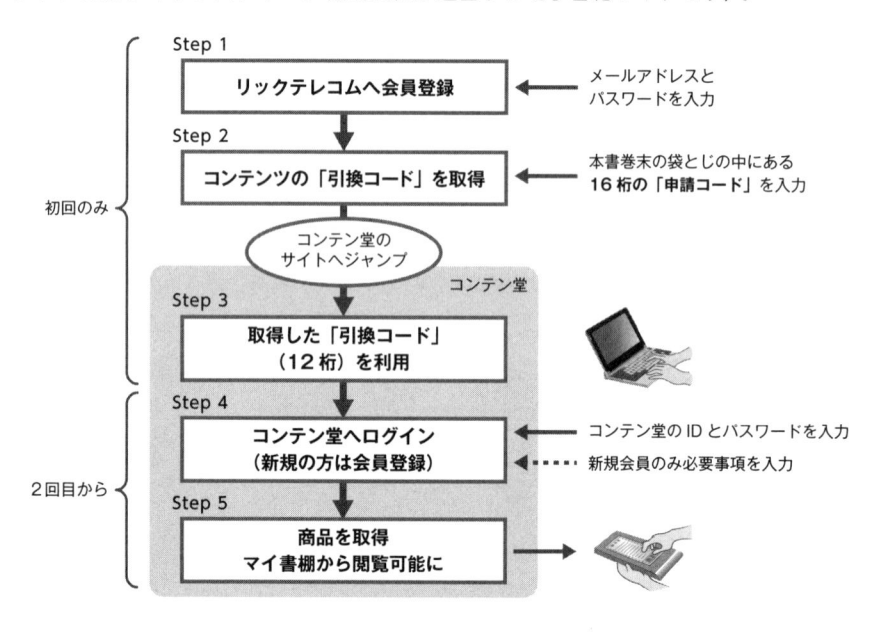

Step 1

① 弊社の『電子コンテンツサービスサイト』（**http://rictelecom-ebooks.com/**）にアクセスし、[新規会員登録（無料）] ボタンをクリックして会員登録を行ってください（会員登録にあたって、入会金、会費、手数料等は一切発生しません）。過去に登録済みの方は、②へ進んでください。

② 登録したメールアドレス（ID）とパスワードを入力して [ログイン] ボタンをクリックします。

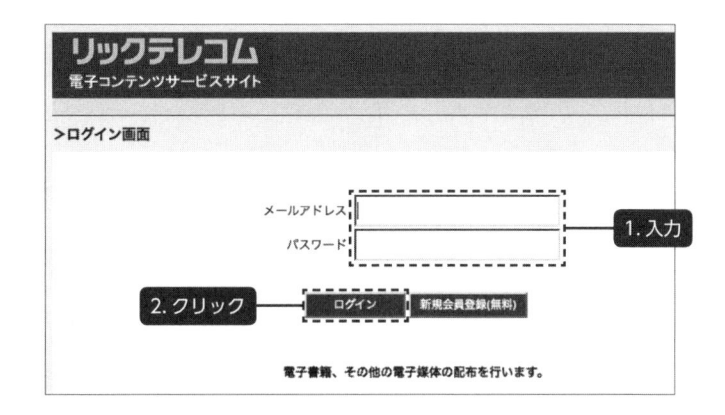

Step 2

③ 『コンテンツ引換コード取得画面』が表示されます。

（＊）別の画面が表示される場合は、右上の［コード取得］アイコンをクリックしてください。

④ 本書巻末の袋とじの中に印字されている「申請コード」（16 ケタの英数字）を入力してください。
その際、ハイフン「-」の入力は不要です。次に、［取得］ボタンをクリックします。

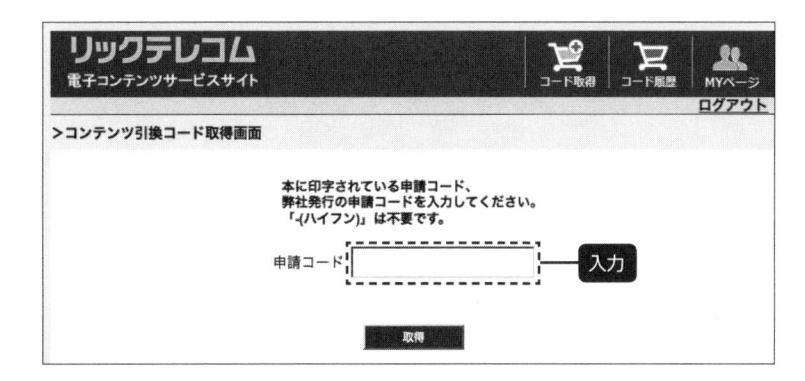

⑤ 『コンテンツ引換コード履歴画面』に切り替わり、本書の「コンテンツ引換コード」が表示されます。

⑥ ［コンテン堂へ］ ボタンをクリックします。すると、コンテン堂の中にある『リックテレコム 電子 Books』ページにジャンプします。

Step 3

⑦ 「コンテンツ引換コードの利用」の入力欄に、いま取得した引換コードが表示されていることを確認し、［引換コードを利用する］ ボタンをクリックします。

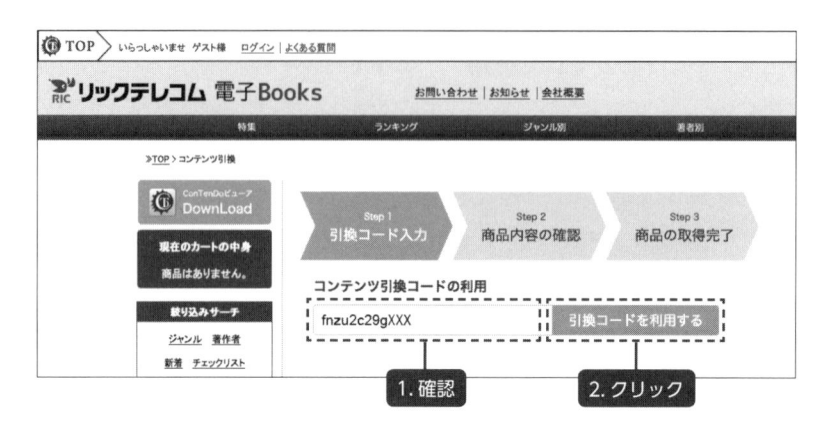

Step 4

⑧ コンテン堂のログイン画面が表示されます。コンテン堂を初めてご利用になる方は、［会員登録へ進む］ ボタンをクリックして会員登録を行ってください。なお、すでにコンテン堂の会員である方は、登録したメールアドレス (ID) とパスワードを入力して ［ログイン］ ボタンをクリックし、手順⑫に移ります。

⑨ 新規登録の方は、会員情報登録フォームに必要事項を入力して、［規約に同意して登録する］ ボタンをクリックします。

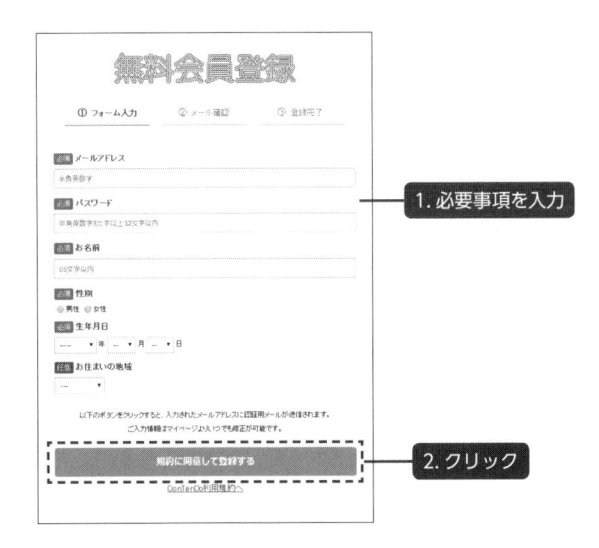

⑩ 『確認メールの送付』画面が表示され、登録したメールアドレスへ確認メールが送られてきます。

⑪ 確認メールにある URL をクリックすると、コンテン堂の会員登録が完了します。

Step 5

⑫ 『コンテンツ内容の確認』画面が表示されます。ここで [商品を取得する] ボタンをクリックすると、『商品の取得完了』画面が表示され、本書電子版コンテンツの取得が完了します。

⑬ [マイ書棚へ移動] ボタンをクリックすると『マイ書棚』画面に移動し、本書電子版の閲覧が可能となります。

（＊）ご利用には、「ConTenDo ビューア（Windows、Mac、Android、iPhone、iPad に対応）」が必要です。前ページに示した画面の左上にある [ConTenDo ビューア DownLoad] ボタンをクリックし、指示に従ってインストールしてください。

本書電子版の閲覧方法等については、下記のサイトにも掲載しています。
http://www.ric.co.jp/book/contents/pdfs/download_support.pdf

著者紹介

（※以下、執筆時の所属・内容になります。また、株式会社JIECは、2020年4月1日付でSCSK株式会社と合併しています。）

JIEC 基盤エンジニアリング事業部 インフラ設計研究チーム

中村 圭吾 (なかむら けいご)

株式会社JIEC　基盤エンジニアリング事業部　第3システム部

本書執筆における全体取り纏めを担当。

1999年の入社以降、UNIX系インフラエンジニアとして金融、保険、流通など幅広い業種におけるシステム設計及び構築を行い、世に送り出す。Webアプリケーションサーバ技術にも長けており、客から厚い信頼を得ている。

家族は妻と2男1女。よく子供と一緒に実施していたジョギングが興じて趣味となり、東京や横浜のフルマラソンイベントにも参加、完走できるほどの走力も併せ持つ。

吉田 武未 (よしだ たけみ)

株式会社JIEC　基盤エンジニアリング事業部　第1システム部

これまで、サーバ、ネットワーク機器、各種ソフトウェアなどの物販販売や、ITに関する客の要望や課題を最適な形で解決するためのソリューション提案といった、いわゆる営業系の仕事から、某自治体クラウドサービスのインフラ構築、運用保守といったインフラ系のSE業務まで、幅広い範囲の業務を経験。現在は某銀行の開発プロジェクトにおける開発環境の運用保守業務のチームリーダーとして活躍している。

趣味は9歳から始めたサッカーの延長でフットサルであり、いつか2歳の娘と同じピッチに立ち、華麗なタッチでゴールをアシストしてあげたいと思っている。

中西 秀徳 (なかにし ひでのり)

株式会社JIEC　基盤エンジニアリング事業部　第1システム部

ベンダ系企業でのセキュリティ製品の取り扱いに始まり、大規模ネットワーク運用、監視システムの設計構築、Webシステムの開発など、幅広い業務で要件定義〜運用及び品質管理などの一連の作業を担当。

現在は、某外資系IT企業で俯瞰的な視点でシステム全体のバランスを考え、ユーザが要求している要件が何なのかを意識しながら、インフラ基盤を中心とした要件定義及び開発推進の業務に取り組んでいる。これからIT業界に参画したいと思っている人や、現状に伸び悩んでいる人のサポーター的立場を目指し日々精進している。

久次 光輝 （ひさつぐ みつてる）

株式会社 JIEC　ビジネス企画開発本部　ソリューション開発部

1993年の入社以来、システムズエンジニアとして大手銀行のシステムインフラ構築を数多く手がける。2017年より AI・クラウドを活用した新規サービスの企画・開発に従事し、2018年春に AI 問い合わせ対応サービス「manaBrain®」をリリース。

2歳の息子を溺愛しており、個人 SNS は、もはや子育て日記と化している。

執筆協力者

坂下 秀彦 （さかした ひでひこ）

株式会社 JIEC　経営推進本部　経営推進室

柳　武宏 （やなぎ たけひろ）

株式会社 JIEC　基盤エンジニアリング事業部　第1システム部

藤森 竜一 （ふじもり りゅういち）

株式会社 JIEC　基盤エンジニアリング事業部　第3システム部

小川 信昭 （おがわ のぶあき）

株式会社 JIEC　基盤エンジニアリング事業部　第1システム部 部長

保阪　仁 （ほさか ひとし）

株式会社 JIEC　基盤エンジニアリング事業部　事業部長

会社紹介

株式会社 JIEC　（https://www.jiec.co.jp/）

1985年の創業以来、「プロフェッショナル・サービス」を社是に掲げ、顧客・パートナーに満足される技術・品質を追求して研鑽に励み、大規模で難度の高い情報システムの構築に、多くの経験と実績をもつ。これまでの多様な情報システム構築を通じて培った技術力・ノウハウを活かして、顧客の IT 化の要望に応えていくとともに、新たな技術の活用についても積極的に提案し、顧客にとって永続的なベストパートナーとなることを目指している。2020年4月1日、SCSK 株式会社（https://www.scsk.jp/）と合併し現在に至る。

要件定義から運用・保守まで全展開

インフラ設計のセオリー

© 株式会社JIEC 基盤エンジニアリング事業部 インフラ設計研究チーム

・2019年 2月 1日 第1版第1刷発行	
2019年 9月30日 第1版第2刷発行	
2021年 3月31日 第1版第3刷発行	

著　　者	JIEC 基盤エンジニアリング事業部 インフラ設計研究チーム
発 行 人	新関卓哉
企画担当	蒲生達佳
編集担当	翅 力
発 行 所	株式会社リックテレコム
	〒113-0034 東京都文京区湯島3-7-7
振替	00160-0-133646
電話	03(3834)8380(営業)
	03(3834)8427(編集)
URL	http://www.ric.co.jp/

本書の全部または一部について、無断で複写、複製、転載、ファイル化等を行うことを禁じます。

装　丁	河原健人
本文組版	株式会社リッククリエイト
印刷・製本	シナノ印刷株式会社

●**訂正等**

本書の記載内容には万全を期しておりますが、万一誤りや情報内容の変更が生じた場合には、当社ホームページの正誤表サイトに掲載しますので、下記よりご確認下さい。

＊正誤表サイトURL： http://www.ric.co.jp/book/seigo_list.html

●**本書の内容に関するお問い合わせ**

本書の内容等についてのお尋ねは、下記の「読者お問い合わせサイト」にて受け付けております。また、回答に万全を期すため、電話によるご質問にはお答えできませんのでご了承ください。

＊読者お問い合わせサイトURL： http://www.ric.co.jp/book-q

●その他のお問い合わせは、弊社サイト「BOOKS」のトップページ http://www.ric.co.jp/book/index.html 内の左側にある「問い合わせ先」リンク、またはFAX：03-3834-8043にて承ります。

●乱丁、落丁本はお取り替えします。

●定価はカバーに表示してあります。

ISBN978-4-86594-188-3